工廠叢書 ⑫1

採購談判與議價技巧〈增訂五版〉

丁振國　黃憲仁/編著

憲業企管顧問有限公司　　發行

《採購談判與議價技巧》 增訂五版

＜採購談判推薦文 ＞

　　一個犯人，被關在美國的一所監獄內一個單獨的牢房裏。在這裏他可真的算得上是一無所有，他就這麼在有限的空間裏毫無目的地走動，他迫切地感覺自己需要點什麼。但是不管他需要什麼都明顯只是一種奢望，他清楚地知道，除了每天從鐵門下面塞進來的那少得可憐且難以下嚥的食物以外，獄警絕不會輕易地給他任何東西。

　　可是就在這裏，他聞到了一股很熟悉的味道，那是守在外面的獄警在抽煙，濃郁的香氣透過監獄的鐵門飄進來，對他形成一種致命的誘惑。

　　實在無法抗拒，他便騰出一隻手來不停地敲打著鐵門以引起獄警的注意。

　　「你最好安靜點，否則我會用自己的辦法讓你安靜。」鐵門外傳來獄警高傲而又極不耐煩的吼聲。

　　「對不起，請給我一支煙抽好嗎？」他用極為卑微的聲音

乞求著，回應他的是一聲輕蔑和冷哼，以及漸行漸遠的腳步聲。

　　但是冰冷的拒絕顯然不能抵擋他對香煙的渴求。深深的失望過後，他告訴自己一定還有別的什麼辦法，但是絕對不是一味地乞求。沉思了片刻之後，他開始更加猛烈地敲擊鐵窗。

　　「請你務必在 30 秒鐘之內給我一支香煙。」當獄警再次不耐煩地出現的時候，卻聽到他這信心十足的要求。

　　「為什麼？」

　　獄警的反問，暴怒中透著意外。「你要是不給我，我就用腦袋撞牆直到自己昏迷，然後我會告訴監獄長這一切都是你做的。」

　　「你以為監獄長會相信你而不相信我嗎？」獄警覺得這個犯人的話當真是有些滑稽。

　　「是的，先生。你說得沒錯。不過你想想，不管監獄長信不信我說的話，只要我咬定是你做的，你就得不停地出席聽證會，你需要一遍遍地解釋你的清白，你還要費很大的精力寫很多報告。我也知道，這對你來說肯定是一件極其麻煩的事情，想想我都替你感到頭疼。」聽著聽著，獄警的臉色開始變得陰晴不定，漸漸地竟然有了一絲不安。

　　「不過，這所有的麻煩原本都可以不會發生的。您只要給我一隻香煙，我保證您不會有一點兒的麻煩。」

　　「你確定，只是想抽一隻煙？」再回到原來的問題上，原本處在絕對優勢的獄警竟然有了一種解脫的輕鬆感。

　　故事說到這裏，結果已經是顯而易見了。一隻香煙就能化解所有的麻煩，這樣的好事兒那位獄警再沒有拒絕的理由。

獄警想了一下，乖乖地遞給囚犯一隻煙，並親自給他點上，這個囚犯正是看穿了獄警的禁忌和弱點，給了他致命的一擊，才因此滿足了自己的要求，獲得了一隻香煙。

這本《採購談判與議價技巧》告訴讀者，知己知彼，採購談判才能百戰百勝。這方法是百試不爽的。無論面對什麼樣的採購談判困境，你可以從容應對，化險為夷，勝券在握了。

〈 本 書 序 言 〉

本書是 2023 年經過增訂改版的《採購談判與議價技巧》第 5 版，為企業界對外採購而產生的採購談判參考工具書。

企業生意越來越難做，勞動力成本倍增，進而導致原材料成本增加，加之經濟劇烈震盪、金融危機、經濟持續低迷，企業的經營成本居高不下，利潤空間越來越小。

毋庸置疑，企業已經進入了微利時代。企業已經無法降低勞動力成本，只能從產品的其他環節上設法降低成本。如果企業還用傳統的眼光看待採購部門，對控制成本、增加利潤已經束手無策、回天無力。

在經濟形勢嚴峻，產品價格越來越透明的時代，企業還想擁有合理的利潤空間，控制採購成本已經迫在眉睫。企業必須重新定位採購部門，提升採購部門的地位，大力發揮採購部門的作用，從採購的源頭開始層層降低成本，方可使成品的購買成本下降。

採購部門對於企業來說，直接關係到企業的利潤、產品的品質和服務能力。擁有一個好的採購團隊，能輕易地幫助企業提高 5%

～10%的利潤甚至更多，也可以幫助企業提高產品品質和服務水準，從而提高企業的綜合競爭力。

我們是否有想過，每年公司花在採購上的錢少則幾千萬元，多則數十億元。只要我們稍微花點心思就能節約個百分之幾的話，計算起來將是一個非常龐大的數字。

相反，錯誤的採購或者糟糕的採購技巧，則會影響企業的發展，甚至帶來災難。如何培訓採購人才的採購談判、議價技巧，則更是一個重要課題。

採購員常認為，與經驗相比，採購談判的研究只是紙上談兵，實際意義不大。「差之毫釐，謬以千里」的談判理念正是在源頭處、於「毫釐」間進行糾錯與指導。不進行理論研究，不尊重實務採購心得，只一味聽從主觀經驗的指引，造成的遺憾將隨著採購人員職位的晉升而越發明顯，危害更深。

目前，有關採購談判的書籍很少；坊間書店雖陳列著大量有關商務談判的書。這些談判的書，其實更確切的來講是指銷售談判，主旨是告訴銷售人員如何來和客戶談判，以便達成銷售商品之目的，此類性質書本不適合企業採購員的學習。

銷售談判與採購談判到底有沒有區別呢？銷售員在談判時的核心策略就是如何設置多道防線，以保護公司銷售產品既定的利益目標。而採購員的談判策略，則是如何突破供應商所設置的層層「迷障」，直逼供應商的利益底限。

本書是企管公司《採購談判技巧》班的授課用書，感謝公司各資深主管紛紛派人上課充電；本書也是臺灣第 1 本專門介紹採購談判專用書籍，具體講述採購談判戰術與方法。

本書系統地為你展現了一個採購談判者所需要做到的各個方面，包括你必須明確的談判籌碼、談判策略、談判語言以及至關重要的價格交鋒。

綜合各種採購實際狀況，介紹何為採購談判？何種因素影響採購談判的能力？採購談判的流程控制重點為何？如何準備採購談判？採購談判的執行重點為何？如何摸透供應商的底價？對供應商的報價分析？與供應商討價還價的技巧？如何控制你的採購成本？……內容實務，操作具體，並配合實際案例解說，希望讀者會喜歡。

全書架構的資料整理，得到東華大學企業管理系黃志威的協助，在此表示感謝。在出版界全面低潮中，本書能順利暢銷而且再版多次，最大原由要感謝企業界的熱烈購買，因此 2023 年（增訂五版）大幅增加內容，表達作者心中感謝，由最初的內文，增加到全新內容增訂第 5 版的 325 頁，增加內容包括企業案例與各種管理辦法，希望你能喜歡。

2023 年增訂五版

供應商管理手冊

採購管理工作細則

採購管理實務

採購談判與議價技巧

《採購談判與議價技巧》增訂五版

目　錄

第一章　採購談判概述 / 15

採購談判是企業為採購商品作為買方，是為了達到降低採購成本、保證產品品質、獲得好的服務、降低採購風險等目的，與賣方廠商就有關事項所進行的一系列商務會談過程。

第二章　採購談判的前期準備階段 / 24

「凡事預則立，不預則廢。」企業在談判前應當有所準備，才能順利佔得先機，突破供應商所設置的層層「迷障」，直逼供應廠商的利益底限。

第三章　採購談判前的摸底階段 / 48

　　實質性的談判可能是多輪次的，經過多次的反覆談判。在這個過程中，接觸摸底是必不可少的，要積極瞭解談判對方的特點、意圖和態度，爭取取得談判場上的主動。

第四章　採購談判的開局階段 / 61

　　談判的開局階段佔整個談判程序中的一小部份，卻能奠定談判整體基調的作用。左右著談判的走向與格局，在細節上影響著後續談判過程所要解決的問題以及解決問題的方式。

第五章　各種不同的採購談判地位 / 77

談判地位無外乎三種：優勢地位、劣勢地位和勢均力敵地位。處於不同的談判地位時，談判策略應有所不同。採購談判人員將談判地位相應的談判策略全部掌握，就可以從容淡定地應對各種突發狀況。

第六章　採購談判的執行階段 / 91

採購談判過程中，既要識別對方的談判手段、應付對方的強硬態度，本身要有技巧的運用談判手段，也要學會適當的讓步或拒絕，還要巧妙地化解談判過程中出現的僵局。

第七章　採購談判的化解僵局／ 115

與供應商談判，經常會遇到各種各樣的問題，使談判無法繼續進行。如果不能很好地解決這些問題，將無法縮短與供應商之間的距離，談判可能陷入僵局，最終會直接影響採購談判工作的進展。

第八章　企業說服供應商的談判技巧 ／ 122

談判作為一種技能，在談判過程中，採購談判人員觀察有利時機、適當運用技巧和適時總結經驗非常重要。在說服供應商之前，首先要獲得他們的信任，這樣才能讓接下來的工作變得更加順暢。

第九章　說服供應商的語言提問技巧 ／ 132

在回答供應商問題的時候，要善於運用提問的策略與技巧，提問是瞭解對方需要和對其進行摸底探測的重要手段，而且也是作為談判者所必須具備的一種技巧。

第十章 採購談判的收尾階段 / 149

採購員經過與供應商之間的討價還價之後，便進入談判的收尾階段，即成交階段；該階段的主要任務就是促成簽約，讓雙方的利益得到確認和實現，雙方維持良好的長期合作關係。

第十一章 採購議價前的供應市場調查 / 173

採購人員只有在談判前收集與供應商有關的信息，做到心中有數，從被動採購轉為主動採購，才能採用相應的談判策略和方法，有針對性地制訂相應的談判方案。

第十二章　針對供應商的價格分析 / 196

　　對於採購方而言，任何一項原材料或零件的價格都會影響到產品的製造成本，最終影響企業產品的價格及其競爭力。因此，進行產品供應價格分析、加強價格協商以及供應成本控制工作，就顯得至關重要。

第十三章　如何與供應商議價 / 223

　　商務談判中，買方不會無條件地全部接受所報價格，而是會對報價做出相應的反應。供應價格的高低，對供應成本的影

響很大，因此採購方想在不影響交易條件的前提下，千方百計降低供應價格，在討價還價的過程中會不斷調整自己的利益點，逐步走向「共贏」。

第十四章　採購談判的議價技巧 ／ 239

討價還價通常是採購談判過程中最為激烈的階段。所有的供應商都不會滿足於既得利潤，所以，當供應商堅持某些不合理的價格或條件時，採購方關注的不應是其態度如何，而是如何應對和解決衝突。

第十五章　採購支出成本的控制方法 / 257

大多數製造型企業物料來源於採購，因此控制與削減採購成本是製造業成本控制的核心環節。採購成本通常包括物料的物料維持成本、訂購管理成本以及採購不當導致的間接成本。採購方式是否合理，則直接關係著供應成本的高低。

第十六章　採購談判管理辦法 / 285

介紹各種談判能力、採購談判、議價技巧、採購合約、採購價格管理的具體管理辦法。

第 *1* 章

採購談判概述

　　採購談判是企業為採購商品作為買方,是為了達到降低採購成本、保證產品品質、獲得好的服務、降低採購風險等目的,與賣方廠商就有關事項所進行的一系列商務會談過程。

　　採購談判是作為買方,企業為採購商品與賣方廠商就購買產品有關事項所進行的一系列商務會談過程,包括對商品的品種、規格、技術標準、品質保證、訂購數量、包裝要求、售後服務、價格、交貨日期與地點、運輸方式、付款條件等進行反覆磋商,謀求協議、建立雙方都滿意的購買關係。

一、採購談判概述

　　採購部門對企業(尤其是製造類企業)來說不可偏廢,它直接關係到企業的利潤、產品的品質和服務能力。擁有一個好的採購團

- 15 -

隊，能輕易地幫助企業提高 5%～10%的利潤甚至更多，也可以幫助企業提高產品品質和服務水準，從而提高企業的綜合競爭力。相反，錯誤的採購，或者糟糕的採購技巧，則會影響企業的發展，甚至帶來災難。

專業採購人才的採購談判、議價技巧，則更是一個重要課題。採購員常認為，與經驗相比，採購談判的研究只是紙上談兵，實際意義不大。「差之毫釐，謬以千里」的談判理念正是在源頭處、於「毫釐」間進行糾錯與指導。不進行理論研究，只一味聽從主觀經驗的指引，造成的遺憾將隨著採購人員職位的晉升而越發明顯，貽害尤深。

採購談判除了要做足充分的準備，掌握採購談判的技巧，談判者的成功企圖心往往也能夠左右談判的結果。

「必勝信念」並非狂妄自大，而應是符合職業道德的、具有高度理性的信心與自信。這是每一個談判人員取得成功的心理基礎。正所謂「狹路相逢勇者勝」，談判就像一場沒有硝煙的戰爭，而面對戰爭，必勝的信念和堅定的自信心是談判者成功的精神支柱。

古希臘有個大哲學家蘇格拉底，有一天，一個年輕人想向他學習哲學。蘇格拉底帶著他走到一條河邊，突然用力把他推到了河裏。年輕人起先以為蘇格拉底在跟他開玩笑，並不在意。結果蘇格拉底也跳到水裏，並且拼命地把他往水底按。這下子，年輕人真的慌了，求生的本能令他拼盡全力將蘇格拉底掀開，爬到岸上。年輕人不解地問蘇格拉底為什麼要這樣做，蘇格拉底回答道：「我只想告訴你，做什麼事業都必須有絕處求生那麼大的決心，才會有真正的收穫。」

　　這故事告訴我們，努力的程度和取得的成績是成正比的，一個談判者的成功慾望若能像被蘇格拉底按在河裏的年輕人的求生慾望那樣強烈，他將勇往而不勝。

　　採購談判的形式多種多樣，有時候以一對一的形式進行，也可能在代表不同利益的談判者小組之間進行；既能在電話上用幾分鐘的時間完成，也可能要花費幾個月的時間來完成。一個優秀的談判人員需要有戰勝困難的決心，不管客觀條件如何，必須在現有的條件下努力爭取，力求收到最滿意的結果。

　　所以，再具實力的談判高手也會有處於劣勢的時候，而必勝心正是扭轉局勢所必備的心智狀態。只要我們遇到挫折不放棄、不言敗，困難往往是取得成功的突破口。

二、採購談判的適用場合

　　採購談判主要適用以下幾種場合：

　　⑴採購結構複雜、技術要求嚴格的成套機器設備時，在設計製造、安裝試驗、成本價格等方面需要透過談判，並進行詳細地商討和比較。

　　⑵多家供貨廠商互相競爭時，透過採購談判，使渴求成交的個別供應商在價格方面做出較大的讓步。

　　⑶採購商品的供貨廠商不多但企業可以自製、向國外採購、用其他商品代用時，透過談判做出有利的選擇。

　　⑷需用商品經公開招標，但開標結果在規格、價格、交貨日期、付款條件等方面，沒有一家供應商能滿足要求時，要透過談判再作

決定。

⑸需用商品的原採購合約期滿、市場行情有變化、並且採購金額較大時，透過談判進行有利採購。

三、採購談判目的

企業採購，要與供應廠商進行談判，達到下列目的：

1.降低採購成本

我們與供應商進行談判時，可以透過討價還價，以比較低的價格獲取對方的立品，減少購買費用，從而降低我們的採購成本。

2.保證產品品質

產品品質是採購談判中非常重要的一項內容，透過談判，我們就可以讓供應商對產品提供品質保證，使我方購得品質可靠的產品。

3.爭取及時送貨

透過採購談判，我們可以要求供應商保證交貨日期，做到按時送貨，以便滿足我們的物資需要。

4.獲得好的服務

在談判的過程中，我們可以爭取向供應商獲得比較優惠的服務項目。例如，讓對方提供送貨服務、技術諮詢服務、售後安裝、運行維護以及售後保障等。

5.降低採購風險

我們在採購貨物的同時往往還需要承擔一定的風險，中間可能會發生物資差錯、事故、貨物損失等情況。只有透過與供應商談判，

我們才可以讓對方分擔更多風險，降低我方的採購風險。

6.妥善處理糾紛

當我們與供應商發生糾紛時，能夠透過談判妥善解決，維護雙方的正常關係，為以後的繼續合作創造條件。

四、採購談判的內容

採購談判的主要內容，包括以下幾個方面：

1.商品價格

商品價格是採購談判中最重要的內容。與供應商談判的過程中，我們可以採用適當的談判策略和技巧，想辦法壓低所採購商品的價格。

2.商品品質

商品品質可用規格等級、標準、樣品、品牌或商標等方法表示，採購人員應向供應商索取產品規格說明書、產品檢驗方法、品質合格範圍等相關的文件。在與供應商談判時，首先應與對方就產品的品質標準達成一致。對於運輸過程中有殘缺或損害的商品，我們應要求供應商予以賠償或退貨。

3.商品數量

對於商品的數量，我們應該堅持適當的原則，否則一旦存貨滯銷，就會導致企業資金積壓等浪費現象的出現。

4.付款條件

我們在談判時，應該計算出對我方最有利的付款條件，只有這樣，企業才能夠從中獲得最大的價格優惠。

5.交貨日期

對於我們來說,交貨期越短越好,這樣我們就能增加訂貨次數,減少訂貨數量,降低庫存。所以,我們應儘量要求供應商分批送貨。

6.付款日期談判

付款一般有兩種方式,即現款支付和延期付款。現款支付又有兩種方式:款到發貨(Cash On Delivery,COD)和單到付款(Cash With Order,CWO)。延期付款也有幾種方式:一種是月底付款,在發票上註明月底付款即為此種方式;一種是按發票日期付款;還有一種是貨到付款。

7.商品包裝

商品的包裝有兩種:內包裝和外包裝。

內包裝通常用來直接保護商品,我們應要求供應商在這方面進行改善;外包裝則是商品倉儲或運輸過程中保護的包裝。

8.服務談判

價格談判是連鎖企業採購人員與供應商談判的重要方面。除此之外,連鎖企業還就供應商提供的服務進行談判,通常連鎖企業關心的服務有:商品運送、維修、退換、訂貨方便性、存貨費用、信息諮詢等。

連鎖企業若能獲得供應商提供的服務,就能更好地促進商品的經營。

9.售後服務

確定交貨日期的同時,我們還應該要求供應商對於需要售後服務的商品提供相關的服務信息,確保售後服務的萬無一失。

五、建立採購談判基本框架

　　談判時，應致力於建立一種理性的談判框架，讓談判雙方處於平等的地位，能夠仔細地在衝突性立場的背後努力尋求共同的利益。這樣談判達成的協議在履行過程中就會比較順利，毀約、索賠的情況也比較少。在具體應用中，建立談判框架可以分為以下三個階段：

表 1-1　建立談判框架的三個階段

階段	→具體內容	→所需要考慮的因素
第一階段 分析階段	透過對談判雙方的情況進行分析，達到知己知彼的階段	・ 人的特點、認識差異 ・ 雙方利益因素和矛盾 ・ 是否存在可供選擇的談判方案 ・ 可以劃分利益的公平標準
第二階段 策劃階段	分析談判形勢的基礎上，用創造性思維，策劃如何實施談判	・ 出現差異該如何解決 ・ 如何才能滿足雙方的要求 ・ 如何找出最終方案擺脫僵局 ・ 找出最終決策的客觀標準
第三階段 討論階段	談判各方充分交流，努力達成協議	・ 擺脫不良情緒，克服交流障礙 ・ ・關注並證實對方的利益所在 ・ 在互利基礎上尋求談判解決方案 ・ 以客觀標準劃分有衝突的利益

六、採購談判的成功模式

1. 制訂洽談計劃

制訂洽談計劃是「成功模式」的第一步。在制訂洽談計劃時，首先要做到知己知彼，即先要弄清本方在該次談判中的目標是什麼，然後透過各種管道設法搞清對手的談判目標是什麼。明確了雙方的談判目標之後，要進一步仔細分析雙方的目標構成，透過對比分析出雙方利益一致的地方和有可能產生分歧的地方，以便在進入正式談判時採取不同的對策。通常，在正式談判開始時，首先應把雙方利益一致之處提出來，並請雙方核實確認。這樣做的好處是能夠提高和保持雙方對談判的興趣，也能增強雙方積極投入談判的信心，為談判的成功打下良好的基礎。對於雙方利益需求不一致的地方，則要在制訂談判計劃階段加以週密思考，想好一切對策，並在談判過程中透過雙方「交鋒」，充分發揮各自的思維創造力和想像力，來謀求使雙方都能滿意的方案，實現各自的談判目標。

2. 建立洽談關係

第二步是建立洽談關係。在正式洽談之前，就要與對手建立起良好的關係。這種關係不是指比較淺顯的表層關係，而是一種有意識形成的、能夠使雙方洽談者在洽談過程中都能感到順暢、融洽、自然、舒展的關係。也就是要建立一種雙方都希望的、良好的洽談環境之中所具有的關係。這種關係是使洽談順利進行的保障。

通常情況下，人們都願意與自己比較瞭解、信任的人做生意，而不願意同自己一無所知、更談不上信任的人達成什麼協定。如果

我們同一個從未見過或聽過的人打交道、做生意，那麼我們就會十分謹慎、層層設防，在談判中肯定會小心從事，不輕易許諾。而在當雙方都已相互瞭解，並且建立了一定程度的信任關係時，就會減少雙方之間的戒備心理，從而使談判的難度大為降低，成功的可能性就相應地大大提高。

3. 達成洽談協定

在洽談雙方已經建立起良好的信賴關係之後，即可進入第三步的實質性洽談階段。首先應該核實對方的談判目標。其次，對彼此意見一致的問題加以確認，而對彼此意見不一致的問題則要透過雙方充分的磋商，互相交流，尋求一個有利於雙方利益需求的滿足，並達成雙方都能夠接受的方案以解決問題。作為洽談人員，應清醒地認識到：達成協定並不是業務洽談的最終目標。

商務談判的最終目標應該是：達成協定後，協定的內容能夠得以圓滿地貫徹和執行，協議如果不付諸執行，即使對我們再有利，也是「白紙黑字」而已。這時，如果對方由於某種原因而不履約，雖然我們可以依法提起訴訟，但真正解決起來要花費許多時間和精力，更重要的是我們所希望的利益需求沒有得到滿足。作為企業，有可能影響生產經營活動，對企業的損失是無法估量的；作為個人，其損失就更加慘重了。即使最後我們勝訴，並得到一定的賠償，可是所付出的時間、精力代價又怎樣賠償呢？

4. 履行洽談協議

在洽談當中，最容易犯的錯誤就是：一旦達成了令自己滿意的協議就會鬆了一口氣，認為談判已經圓滿結束了。這種觀點實在有害，因為對方有時不會像你想像的那樣，義不容辭地、毫不猶豫地

履行他的義務和責任。寫在紙上的協定如何完美,並不標誌協定的履行也十分完美,問題的關鍵在於協議要由人來履行它。因此,簽訂協議書是重要的,但維持協定並確保其能夠得到良好的貫徹實施更加重要。

5. 維持良好關係

當某項談判結束後,不能認為萬事大吉,而只能認為是暫告一段落。談判結束的一項重要工作就是維持與對方的良好關係。在實際業務交往過程中,特別是親身參與商務談判的人員都有一個切身體驗,那就是:與某業務往來對手之間的關係,如果不積極、有意識地對其加以維持的話,就會逐漸淡化,慢慢地雙方就會疏遠起來,有時由於某些外因還會導致關係的惡化。而一旦疏遠了或者惡化了,再想重新將關係恢復到原來的水準,則需要花費很多的精力和時間,甚至比與一個新對手建立關係還要複雜,儘管如此,還有可能不能恢復到過去的友好程度。

為了以後的業務發展,對於那些已透過自己努力,並在本次談判中建立起良好關係的業務夥伴,應設法與他們保持友好關係,以免事後再花費精力和時間去重新建立,要知道重新建立比維持關係更加不經濟。

上述五大步驟是「成功談判模式」的具體要求,按照步驟去計劃並實施採購談判,就一定會成功。

第 *2* 章

採購談判的前期準備階段

「凡事預則立，不預則廢。」企業在談判前應當有所準備，才能順利佔得先機，突破供應商所設置的層層「迷障」，直逼供應廠商的利益底限。

採購談判的雙方都希望能最大限度地滿足自己的需求。所以談判前一定要明確自己的目的，從技術、商務、法律等方面事先做好充分的準備，爭取在談判中取得有利的地位。準備得越充分，就越能在談判中取得主動。

銷售談判與採購談判有沒有區別呢？銷售員在談判時的核心策略就是如何設置多道防線，以保護公司既定的利益目標。而採購員的談判策略，則是如何突破供應商所設置的層層「迷障」，直逼供應商的利益底限。

採購員常認為，與經驗相比，採購談判的研究只是紙上談兵，實際意義不大。「差之毫釐，謬以千里」的談判理念正是在源頭處、於「毫釐」間進行糾錯與指導。不進行理論研究，只一味聽從主觀

經驗的指引,造成的遺憾將隨著採購人員職位的晉升而越發明顯,貽害尤深。

不打無把握之仗,談判前必須擬訂好談判方案,包括談判的總體設想、談判策略、從開始談判到計劃成交的大體時間安排和具體步驟。談判前對合約的主要條款要有一個原則性意見,也要有具體意見,內定好準備爭取的最高要求和必要時可以讓步接受的最低要求,並針對一些重大問題預測出對方的要求和自己的對策。有條件的可以進行模擬談判,擬訂幾套可供選擇、能進能退的談判方案。

在談判之前要對談判中可能會遇到的問題進行客觀地分析、預測,例如緊急事件的發生、意料不到的失誤等問題。預測的目的在於有備無患,儘量避免或者減小可能出現的問題所帶來的損失。「凡事預則立,不預則廢。」談判前應當有所準備,這是常識。然而,準備多少才算充分?準備工作應該圍繞那些核心內容?如何著手進行準備?又如何提高準備工作的效率?…

一、採購談判的 SWOT 優勢法則

理性的採購談判者,清楚地知道自己的籌碼和短處,有自己清晰的要價和讓步空間。

採購談判工作的啟發就在於,有效的談判首先應該明白自己的優劣勢,瞭解自己的處境,做到揚長避短。

SWOT 是英文 Strength、Weakness、Opportunity 和 Threat 4 個詞的縮寫。在談判中,SWOT 分析實際上是將對談判時我方的情況和外部條件各方面內容進行綜合和概括,進而分析自身的優勢和

劣勢、面臨的機會和威脅的一種方法。

談判中我方可能存在的優勢是有效獲取更大談判利益的籌碼，有效地運用自身的優勢幾乎是談判制勝的根本原則。在分析自身的優劣勢時，我們通常會用到一系列的分析工具或分析方法，其中應用最普遍的就是 SWOT 分析方法。

SWOT 分析主要側重於四個方面，分別由每個字母代替。一般而言，談判中的機會和威脅是由談判人員所處的外部環境所賦予的，而企業的優勢和劣勢則是針對於談判人員自身擁有的資源所言的。

S——優勢。在與對方的談判中，你具備那種優勢？

W——劣勢。通常情況下，成功的談判是由於抓住了自身的優勢，但失敗的談判卻往往是由於對自己的劣勢認識不夠。談判中你有那些劣勢？價格過高、談判人員經驗不夠、產品品質不具備競爭力等等，這些都可能對談判構成威脅。

O——機會。機會是外部環境造就的。機會通常意味著外在環境的重大改變，且通常是對我方有利的改變。如果希望抓住這樣的機會，那麼談判人員就必須學會在紛繁複雜的環境中找準相關因素，並理清思路，設定策略。

T——威脅。外在環境的改變可能產生機會，也同樣可以產生威脅。例如，談判時，出現眾多競爭對手、強勢競爭者介入談判等等，這些變化極容易導致談判過程中出現重大障礙，危及談判進程。

談判過程中，優劣勢以及機會和威脅都可能是同時存在的，只是其比重不同而已。真正的談判高手是在綜合所有因素的基礎上，採取有效的策略揚長避短。

SWOT 分析是一個環境綜合分析工具。通常情況下，在進行實戰分析時，需要將以上所有的因素都客觀地羅列出來，然後作出對比，從而一目了然地選擇我們的應對策略。SWOT 分析可以做到讓我們綜合各種因素，在宏觀上確保我們的談判策略的有效性。但是，針對性的談判策略還需要透過對談判對手的情況與我方的情況進行對比分析，以直接反映雙方在談判較量中的力量對比。

準確地分析談判對象的優勢和控制因素，以及談判失敗給對方造成的風險和影響，非常有助於我們在談判中掌握主動權。在進行重大的談判之前，有必要列出一份對手所感到的潛在風險的清單。全面考慮對手感覺到的劣勢和風險，這並非投機，而是要在談判中使我方佔有主動，贏得談判，增加我方的利益。而在談判的籌劃期間，從對方的角度設身處地的看待談判將有助於降低談判失敗的風險。

二、先設定採購談判目標

在談判的準備階段，我們必須為自己設置一個明確的談判目標。想要使談判有目的、高效地進行，就必須使目標具體化、可行化。我們會把談判目標分為最高目標、實際目標和最低目標。最高目標是指談判的最佳理想目標；實際目標是談判者要激發各種積極性，努力達到的目標；最低目標是指談判者可以接受的最差結果。

通常，我們會把談判目標分為最高目標、實際目標和最低目標。最高目標是指談判的最佳理想目標；實際目標是談判者要激發各種積極性，努力達到的目標；最低目標是指談判者可以接受的最

差結果。

表 2-1　採購談判目標

目標層次	具體描述
必須達到的目標	滿足本企業(地區、行業或單位)對原材料、零售件或產品的需求量、品質和規格等
中等目標	滿足價格水準、經濟效益水準等
最高目標	考慮供應商的售後服務情況，例如，供應商的送貨、安裝、品質保證、技術服務活動等

然而，在談判中，最高目標一般是很難實現的。因為採購談判是雙方利益重新分配的過程，沒有那一方會心甘情願地把利益全部讓給對方。同樣，任何一個談判者也不可能在每次談判中都獨佔鰲頭。但這並不意味著最高目標在採購談判中絕對不可能達到。

實際目標是談判者根據主客觀因素，經過科學論證、預測及核算後，納入談判計劃的目標。它是秘而不宣的內部機密，一般只在談判過程中的某個微妙階段才提出。如果達不到這一目標，談判可能陷於僵局或暫停，以便與我方內部人員討論對策。該目標關係到我方主要經濟利益。

最低目標是我方必須達到的目標。它與最高目標之間有著必然的內在聯繫。在採購談判中，採購人員往往一開始就提出最高目標，然後對最高目標進行反覆「壓價」。實際上這是一種策略，這樣做的實際效果往往超過我們的最低目標。在實際談判中，設定目標的策略經常被用到。

1982 年，美國與墨西哥政府進行了一次關於一大筆國際貸款償付問題的談判。墨西哥大約拖欠了美國 820 億美元的貸

款，其首席談判家朱塞斯・赫佐哥是墨西哥財政部長。美方的代表則是財政部長羅奈爾得・雷根。

在談判中，美方提出了一項很有創造性的解決方法，就是要求墨西哥為美國的戰略石油儲備提供大量的石油。赫佐哥同意這麼做，但是，除此之外，美國還要求墨西哥政府支付給他們 1 億美元的談判費，實際上，這是一種巧妙的可以讓墨西哥支付給其自然增長利息的手段。

但墨西哥總統聽說這件事後暴跳如雷。他說：「讓羅奈爾得・雷根死了這條心，我們不會給美國支付談判費用的，1 個比索都不給。」雖然墨西哥拒絕支付談判費，但美國就此確定了談判範圍，提出 1 億美元的償付要求。結果，最後墨西哥不得不支付給美國 5000 萬美元。

在上述談判申，美國與墨西哥談判時，事先設定了談判目標，不僅要求墨西哥提供大量的石油，還要求對方支付多達 1 億美元的談判費。最後墨西哥不得不支付給美國 5000 萬美元，這是一個很典型的運用目標原則的例子。

如何為自己設定合理的談判目標？在談判開始之前，應該把目標根據優先等級來做相應的排序，分清什麼是主要目標，什麼是次要目標，並為自己確定一個最低限度目標。當談判達到最低限度目標時，我們就應該終止談判。

如果不知道自己想要透過談判得到什麼，沒有明確的目標，那麼談判結束後，我們可能會放棄有價值的項目代之以得到無價值的東西。

在談判過程中，設置高目標的人往往會比設置低目標的人表現

得好。但是，有時候期望越高，失望也會越大。談判人員應根據不同情況制訂不同策略，經過權衡利弊，再確定較為合理的談判目標。

談判的過程中，必然會出現討價還價的情況，為了實現談判目標，必要時我們需要作出合理的讓步。我們要在讓步與不讓步之間慎重抉擇，那些可以讓步，那些不可以讓步。如果我們對這些不能夠做到心知肚明，在談判的過程中就很容易出錯。例如，我們在不應該讓步的地方作了讓步，而該讓步的地方卻沒讓步，從而使談判陷入僵局。

採購談判中會出現很多問題，包括價格、數量、品質、交貨期、付款、折扣等。明確自己想要的內容之後，我們還要進一步明確談判對手想要的內容。所以在確定談判目標的時候，我們要設定談判對手的需求，考慮對方可能關心的內容，並把它們按照優先順序一一羅列出來。

在談判中，我們要弄清自己在談判中的界限。這樣我們就可以知道，談到什麼時候我們應終止談判；什麼時候可以說「是」，什麼時候可以說「不」；什麼時候態度必須強硬；什麼時候可以離開談判桌結束談判。也就是說，如果到了我們所定的界限，我們就可以考慮自己應該去做什麼了。

在採購談判中，也許供應商提出的某些條件是我們無論如何也不能接受的。如果談判迫使我們超出自己的底線，那麼我們就不值得再花時間和精力繼續談下去了。

在設定談判目標的時候，我們還要注意談判目標的時間和空間合理性。另外，採購談判的目標對於不同的談判對象也有不同的適用程度。作為一名採購談判人員，我們應該在時間和空間上，對自

己的談判目標作全方位的分析,只有這樣才能獲得談判成功。

三、設定採購談判的底線

面對複雜的採購談判局面,企業在與供應商進行談判時,難免會有所迷失,直到談判接近尾聲的時候才想起自己設定的底線,但為時已晚。

為了避免這種慘劇的發生,我們首先要設定並守住自己的談判底線。提早設定談判底線可以幫助我們在實際談判進程中節省大量的時間,以便我們在談判過程中更加果斷地作出決定。

設定談判底線的時候,我們要儘量讓利益最大化、損失最小化。這裏的利益不僅指我們個人的經濟利益,也包括公司的利益。如果我們在設定談判底線的時候,不能使我方在談判中獲得利益,減少談判的損失,這樣的底線就沒有絲毫意義。

在設定談判底線的時候,要清楚自己的談判目標,整合內部資源,設定出可以接受的談判底線,也要設法暸解供應商的談判目標。如果在一無所知的情況下與供應商進行談判,我們最終會因為自己準備不足而導致談判的失敗。

在與供應商進行談判時,我們總是考慮自己可以透過談判獲得多少利益,卻常常忽略了一個非常重要的問題,即我們需要付出多少才能達到我們的預定目標。

所以,在談判前,我們務必要先理清自己的談判底線。否則供應商咄咄逼人,我們不停地作出讓步,那就失去了談判的本意。

在與供應商談判的過程中,採購人員常不經過認真思考就逐漸

改變自己的談判底線，最後導致談判的失敗。所以，當我們在為自己設定好底線的同時，也要把它們寫下來，以便時刻提醒我們自己堅守底線。這樣，在談判的重要階段，當我方的底線受到考驗時，我們才不會驚慌。

一旦確定了自己的底線，那麼，無論供應商在談判過程中提出怎樣的條件，我們都要盡可能地守住自己的底線。如果輕易地放棄自己的談判底線，我們就會在供應商一而再、再而三的要求下作出更大的讓步。這並非是對方得寸進尺，而是我們的表現促使對方爭取獲得更大的利益。

艾柯卡是美國汽車界的一大巨頭，他曾經在福特公司工作，使福特汽車成為美國第二大汽車生產企業。後來他又接手面臨困境的克萊斯勒汽車公司。剛到克萊斯勒，面對著這樣一個爛攤子，艾柯卡覺得必須要壓低工人的薪資才能緩解公司目前的壓力。

於是，艾柯卡告訴工會的領導人：「現在 20 美元一個小時的工作沒有了，不過 17 美元一個小時的活有的是。你告訴工人們，現在是危急時刻，就像我拿著手槍對著你們的腦袋，何去何從，你們自己考慮清楚。」但艾柯卡的這一決定並沒有得到工會的認可，雙方為此進行了長達一年的談判。任憑艾柯卡費盡口舌，還是不能說服工人們。

艾柯卡再也不想繼續這次談判了。他找到工會負責談判的委員會，對他們說：「如果你們不幫我的忙，我明天上午就會宣佈公司破產，到時痛苦的可能就是你們。」工人們聽到這一消息，一時都慌了手腳，心想：如果公司破產，自己就成了失業

者,生活會更加的艱難。雖然 17 美元一小時的工錢比以前低了些,但還是可以維持生活的。在當前這個經濟不景氣、全國失業率增高的情況下,有一份穩定的工作已經相當不易了,何況 17 美元一小時的薪資也不是很低啊。考慮到這些,他們不得不作出讓步,之後又接受了艾柯卡提出的另外一些條件。

艾柯卡面對工人的壓力,絲毫沒有放棄自己採用低價勞動力的談判底線,並且聲稱要宣佈公司破產贏得了「談判」的勝利。工人們為了保住飯碗,最後不得不答應艾柯卡的要求。

在每一次談判中,如果不事先設定自己的談判底線,我們在與供應商進行談判的時候,就會顯得手足無措。反之,當我們設定了自己的底線後,這些底線就會像航線引領我們完成整個談判。

四、先制定雙方採購談判的議程

談判議程就是關於談判的主要議題、談判的原則框架、議題的先後順序與時間安排。

談判議程的安排對談判雙方非常重要,議程本身就是一種談判策略。因此,採購人員在與供應商談判之前,一定要擬定相應的議程。這樣,談判才能朝既定的目標進行,避免浪費時間、人力、物力等。

因為談判過程中難免會出現這樣或那樣的問題。所以,為了更好地控制整個談判,採購人員為談判制定的議程要有彈性,以便在談判過程中靈活變通。

1. 確定談判議題

談判議題就是談判雙方提出和討論的各種問題。

確定議題就是根據談判目標將與之相關的問題羅列出來，盡可能將我方議題列入議程，以免在以後的進程中留下不必要的遺憾。另外，對方也會提出相應的談判議題。因此，採購人員事先要預測對方可能提出那些問題，那些問題是需要我方必須認真對待、全力以赴去解決的；那些問題是可以根據情況作出讓步；那些問題是可以不予以討論的。

如果雙方議題吻合，基本上就可以將議題確定下來，如果雙方差距較大，則需要對那些議題可列入議程進行討論。

2. 安排議題的先後順序

一般情況下，議題順序的安排，可遵循邏輯原則、捆綁原則和先易後難原則。

所謂邏輯原則，是指如果議題間存在邏輯關係的話，排序應該按照邏輯關係的先後進行。

如果由於議題太多，部份議題間存在非常強的相關性或類似性，就可以將這幾個相關的議題放在一起談，這就是相關捆綁原則。

在談判雙方還沒有建立信任或進行溝通的情況下，選擇談較難的問題，可能會浪費時間，導致留給其他問題的時間不多。所以，我們應該先從容易解決的問題談起，待雙方進入狀態以後再討論比較難的議題，這就是先易後難的原則。

3. 議題的時間安排

時間安排即確定談判在什麼時間舉行、多長時間、各個階段時間如何分配、議題出現的時間順序等。

　　如果時間安排得很倉促，準備不充分，就很難沉著冷靜地在談判中實施各種策略；如果時間安排得很拖延，不僅會耗費大量的精力，而且各種環境因素也都會隨之發生變化，甚至還可能會錯過一些重要的機遇。一般情況下，對我方有利的議題應該盡可能留出充裕的時間，對我方不利的議題應該盡可能安排較少的時間。

　　談判過程中，對於主要的議題，最好安排在總談判時間的 3/5 時提出來。這樣既經過一定程度的交換意見，有一定基礎，又不會拖得太晚而顯得倉促。

　　合理安排好我方各談判人員發言的順序和時間，尤其是關鍵問題的提出應選擇最成熟的時機。另外，也要給對方人員足夠的時間表達意向。

　　對於不太重要的、容易達成一致的議題可以放在談判的開始階段或即將結束階段，而應把大部份時間用在關鍵性問題的磋商上。

　　我方具體談判期限要在談判開始前保密，如果對方摸清我方談判期限，就會在時間上用各種方法拖延，待到談判期限快要臨近時才開始談正題。

　　談判議程分配了談判不同階段議題協商的時間，以我為主控制談判議程，是爭取談判權的一項重要措施。

　　韓國一個商務代表團到美國進行一項業務談判。美方在到機場接機前，已經得知韓方確切的回國期限。於是美方不急於與對方進入正式談判，而是陪對方在美國各地遊覽觀光。韓方也認為雙方已經進行了很長時間的前期談判，到美國來主要是來簽協定的，不需要太多的時間，也就不急於馬上與對方磋商。

　　等到韓方要回國的前兩天，雙方才坐下來正式談判。但美

方在談判桌上卻拖延時間，使許多問題到了最後階段還不能達成協議，韓方由於急於回國參加與其他客戶的另一項重要談判，只好作出讓步換取對方簽訂協議。

美方在得知韓方確切的回國期限之後，運用議題時間安排策略，在對方要回國的前兩天才進行正式談判，並故意拖延時間。最終，美方掌握了談判的主動權，使韓方不得不作出讓步。

談判議程控制策略往往與拖延時間策略結合使用。談判時間越長、日程安排越緊張，談判人員越易在精神上、肉體上感到疲勞，產生麻痺大意的心理，言行舉止容易出現疏漏。

五、制定採購談判的方式

採購談判的方式有很多，按照談判人員的數量，我們可以將談判方式分為一對一談判和小組談判兩種。兩種談判都具有各自的優勢，在談判過程中，我們可以根據雙方的實際情況選擇合適的談判方式。

1. 一對一談判

採購談判中，一對一談判是指採購商和供應商各由一位代表出面談判的方式。一對一談判的優點有下述幾點：

(1)談判規模小

由於此種談判方式的規模較小，所以，我們在採購談判工作的準備、地點和時間安排上，都可以靈活、變通。

(2)談判過程簡單

由於談判雙方人員都是自己所屬公司或企業的全權代表，有權

處理談判中的一切問題，從而避免了無法決策的不利局面。

(3)談判方式靈活

談判的方式可以靈活選擇，氣氛也比較和諧隨便，特別是當雙方談判代表較熟悉、瞭解時，談判就更為融洽。這就可以消除小組談判中正式、緊張的會談氣氛，避免呆板、謹慎、拘泥的言行，有利於雙方代表的溝通與合作。

(4)談判條件成熟

談判一方人員的相互配合和信任是戰勝對手的主要條件，但是如果互相間不能很好配合，反會暴露我方的弱點，給對方以可乘之機。一對一談判就克服了小組談判人員之間相互配合不利的狀況，這也是許多重要的談判採取小組談判與一對一談判交叉進行的原因。

(5)談判雙方滿意

一對一談判不僅有利於雙方溝通信息，而且有利於雙方封鎖消息。當某些談判內容高度保密，或由於時機不成熟，不宜外界瞭解時，那麼，一對一談判就是最好的談判方式。

採用一對一的談判，不僅可以避免因團體內部意見不統一而給對方造成可乘之機，同時也可以避免對方將火力集中在我方力量最薄弱的人身上，大大提高了談判效率。但「一對一」談判往往也是一種最困難的談判類型，因為雙方談判者只能各自為戰，得不到助手的及時幫助。

所以，在一對一談判中，所選的談判人員必須是全能型的。他必須具備本次談判所涉及的各個方面的知識和能力，如國際金融、國際貿易、商品、技術和法律等方面的知識。

2. 小組談判

與一對一談判方式不同的是，小組談判是指談判雙方都由兩個以上的人員參加洽談的談判形式。小組談判一般用於大多數內容重要、複雜的正式談判，這是由小組談判的特點決定的。

⑴由於經驗、能力、精力多種客觀條件的限制，每個談判人員都不可能具備談判中所需要的一切知識技能。因此，他需要小組其他成員的補充和配合。

⑵如果談判雙方的人數有差別，人多的一方就很可能在氣勢上佔據上風，人少的一方則會寡不敵眾，甚至自己喪失了自信心，敗下陣來。可見，集體的智慧與力量是取得談判成功的保證。

⑶採用小組談判方式，談判人員可以更好地運用談判謀略和技巧，更好地發揮我方人員的創造性與靈活性。

⑷小組談判有利於談判人員採用靈活的形式消除談判的僵局或障礙。如小組某一成員可以擔當談判中間人或調節人的角色，提出一些建議，緩和談判氣氛，也可以採用小組人員相互磋商的辦法，尋找其他的解決途徑，避免出現一對一談判中的尷尬局面。

⑸經小組談判達成的協議或合約具有更高的履約率。因為雙方認為這是集體協商的結果，而不是某個人的產物，較為合理。

由此可見，採用小組談判可以彌補每個人在經驗、能力、精力等各方面存在的不足，相互間取長補短，各盡所能，而且集體的智慧與力量是取得談判成功的保證。所以，正確選配談判小組成員是十分重要的，如小組領導人的選配，主要成員與專業人員的選配等。

六、選定採購談判的地點

　　談判地點的選擇關係到談判是否順利進行，根據談判地點不同，談判通常分為三類：主場談判、客場談判和中立地點談判。

表 2-2　談判地點的優缺點比較

談判地方	優點	缺點
我方所在地	·以逸待勞，無需熟悉環境或適應環境這一過程 ·隨機應變，可以根據談判形式的發展隨時調整談判計劃、人員、目標等 ·創造氣氛，可以利用地利之便，透過熱心接待對方，關心其談判期間生活等問題，從而顯示我方的談判誠意、創造融洽的談判氣氛，促使談判成功	·要承擔煩瑣的接待工作 ·談判可能常常受我方領導的制約，不能使談判小組獨立地進行工作
對方所在地	·不必承擔接待工作，可以全心全意地投入到談判中去 ·可以順便實地考察對方的生產經營狀況，取得第一手的資料 ·在遇到敏感性的問題時，可以說資料不全而委婉地拒絕答覆	·要有一個熟悉和適應對方環境的過程 ·談判中遇到困難時，難以調整自己，容易產生不穩定的情緒，進而影響談判結果
雙方之外的第三地	對於雙方來說在心理上都會感到較為公平合理，有利於緩和雙方的關係	雙方都遠離自己的所在地，因此在談判準備上會有所欠缺，談判中難免會產生爭論，從而影響談判的成功率

對於談判地點的選擇，可以遵循三個原則：

⑴如果沒有特殊情況，我們應力爭主場談判，以便發揮我方的主場優勢。

⑵某些情況下，客場談判對我方具有更大優勢，我方可主動提出這種要求。

⑶如果雙方爭執不下，我們只能考慮中立地點談判，與談判對手輪流做東。

不同的談判地點均有其各自的優缺點，我們要充分利用地點的優勢，克服地點的劣勢，變不利因素為有利因素。

1. 主場談判

主場談判就是在我方所在地進行的談判，優勢如下：

⑴熟悉的環境會使我們擁有安全感，保持良好的心理狀態和自信心，避免由於環境生疏帶來的心理障礙。

⑵我們可以依靠自己的信息管道，充分收集各種談判資料，並能隨時與自己的上級和專家顧問保持溝通、商討對策等。

⑶我方談判者不需要耗費精力去適應新的地理環境、社會環境和人際關係，從而可以把精力更集中地用於談判。

⑷我們可以選擇我方較為熟悉的談判場所進行談判，按照自身的文化習慣和喜好佈置談判場所。

⑸可以透過安排談判之餘的活動來主動掌握談判進程，並且從文化上、心理上向對方施加潛移默化的影響。

⑹我們可以節省去外地談判的差旅費用和旅途時間，以飽滿的精神和充沛的體力去參加談判。

即使是在主場談判，我們也會面臨具體談判地點的選擇。盡力

將談判地點安排在我方的辦公室、會議室或者本地的旅館、酒店等場所，是比較明智的選擇。這樣有利於我們充分地發揮主場效應，佔據心理優勢。

但是，主場談判也有它的弊端，我們經常會由於公司事務而分散談判的注意力；由於與高層主管聯繫方便，容易產生依賴心理，頻繁地請示高層主管會造成失誤和被動；再者，我方作為東道主要負責安排談判會場以及談判中的各種事宜，所以負擔比較重。

2.客場談判

客場談判是指我們去談判對手所在的區域進行會談。客場談判對我方的有利因素包括下述幾點：

⑴我方談判人員可以全身心投入談判，避免主場談判時來自工作單位和家庭事務等方面的干擾。

⑵客場談判更有利於發揮我方談判人員的主觀能動性，減少談判人員對主管的過分依賴性。

⑶我們可以利用閒暇時間考察對方公司的運營和產品情況，獲取與談判有關的信息及資料。

⑷省卻了作為東道主所必須承擔的招待賓館、佈置場所，安排活動等多項事務。

⑸當我方在談判過程中面臨不利的局面時，我們可以找藉口暫時中止談判。

當我們進行客場談判的時候，由於要靠自己獨立完成談判的任務，不僅缺少了主場談判的心理優勢，而且還會增加許多壓力。不利的因素包括：由於談判地點與我方公司相距遙遠，部份信息的傳遞和資料的獲取比較困難，遇到一些重要問題不方便與我方人員進

行磋商；如果我方人員對當地環境、氣候、風俗、飲食等方面不適應，會使我們身體狀況受到不利影響；我們在談判場所和日程的安排等方面處於被動地位，要防止對方過多安排活動而消磨我方人員的精力和時間。

3.中立地點談判

中立地點談判是指談判雙方選擇在第三地進行洽商，即雙方都認同的非任一方主場的談判地點。中立地談判通常被相互關係不融洽、信任程度不高的談判雙方所選用。如果我們可以事先預料到談判的緊張或談判陷入僵局時，明智的做法就是把談判選在中立地點。

中立地點談判通常標誌著雙方的平等與尊重，體現了公平原則。由於在雙方所在地之外的地點談判，對雙方來講是平等的，雙方均不存在東道主優勢和作客他鄉的劣勢，策略運用的條件相當。中立地談判的劣勢就在於雙方要為談判地點的確定而談判，為了達到意見的一致要花費不少時間和精力。

七、談判前，我方要進行模擬談判操作

模擬談判的目的在於總結經驗，發現問題，提出對策，完善談判方案。

為了提高談判工作的效率，使談判方案、計劃等各項準備工作更加週密、更有針對性，在談判準備工作基本完成後，應對此項準備工作進行檢查。在實踐中行之有效的方法就是進行模擬談判。因為有效的模擬談判可以預先暴露我方談判方案、計劃的不足之處及

薄弱環節，檢驗我方談判人員的總體素質，提高他們的應變能力，從而達到減少失誤、實現談判的目標。

談判雙方可以由我方談判人員與我方非談判人員組成，也可以將我方談判小組內部份為兩方進行。

模擬談判，也就是我們在正式與供應商談判前的「彩排」，它是我們在談判準備階段所做的最後一項工作。雖然我們可以就採購談判的內容制訂詳細的計劃，但這並不能成為談判成功的充分保證。為了更直觀地預見談判前景，我們非常有必要採取模擬談判的方法來改進與完善採購談判的準備工作。

模擬談判不僅可以使採購談判人員獲得實際性的經驗，而且還能夠提高我們立對各種困難的能力。研究表明，正確的想像練習不僅能夠提高談判人員的獨立分析能力，而且在心理準備、心理承受、臨場發揮等方面都是很有益處的。

在模擬談判中，我們可以透過反覆地扮演談判對手，來熟悉實際談判中的各個環節。這對初次參加談判的人來說尤為重要。扮演談判對手的人員站在對方的立場上提問題，一方面，有助於談判人員瞭解對方，預測對方可能從那些方面提出問題，以便事先擬定相應的對策；另一方面，有利於談判人員發現談判方案中的錯誤。

談判方案是對正式談判的預計，但它並不能完全反映出正式談判中會出現的一些意外。另外，由於談判人員受知識、經驗、思維方式、角度等方面的影響，所制訂的談判方案就難免會出現漏洞。

談判方案是否完善，只有事先透過檢驗我們才能得知。模擬談判與正式談判比較接近，因此，能夠較為全面嚴格地檢驗我們所制訂的談判方案是否切實可行，以便我們進行及時修正和調整。

　　模擬談判與正式談判的最大不同之處就在於，前者不用擔心談判的失敗，談判人員可以在模仿的過程中盡情發揮自己的特長。這樣不僅可以使我方談判人員注意到那些原本被忽略或被輕視的重要問題，而且還可以使我們在設計談判策略時更具有針對性。進行模擬談判時，我們可以採取以下方式：

1. 組成代表供應商的談判小組

　　如果條件允許，我們可以將我方的談判人員一分為二，一組作為我方的談判代表，一組作為對方的談判代表（競爭者），也可以從有關部門抽出一些職員，組成另一談判小組。其中，扮演供應商角色的小組，要從對手的談判立場、觀點、風格等出發，和我方主談人員進行談判的想像練習和預演。

　　在進行模擬談判的過程中，兩個談判小組應不斷地互換角色。這樣有助於我們全面檢查談判計劃，並使我方談判人員對談判的每個環節和問題都有一個熟悉的過程。

2. 我方選一位成員扮演供應商

　　如果時間、費用和人員等因素不允許我們安排一次較正式的模擬談判，那麼至少要選擇讓一位談判人員來扮演供應商的角色。

　　扮演供應商的談判人員要對我方人員的交易條件進行磋商和盤問。這樣做，一方面可以使小組負責人意識到是否需要修改某些條件或增加部份論據；另一方面，也會使我方談判人員提前認識到與供應商談判的過程中可能出現的問題。

3. 擬定正確的假設條件

　　如果我們想要使模擬談判做到真正有效，還有賴於擬定正確的假設條件。即我們根據某些既定的常識，將某些事物承認為事實，

然後進行推理。依照假設的內容,可以把假設條件分為對客觀世界的假設、對談判對手的假設和對我方的假設。

擬定假設的關鍵在於提高假設的精確度,使之更接近事實。首先,我們要讓具有豐富談判經驗的談判人員做假設,因為他們身經百戰,所以提出假設的可靠度高;其次,必須按照正確的邏輯思維進行推理,遵守思維的一般規律;再次,必須以事實為基準,所擬定的事實越多、越全面,假設的準確度就越高;最後,要正確區分事實與經驗、事實與主觀臆斷。

4.針對採購談判議題的制勝策略

在談判中,當所有議題都明朗化後,通常就是核心議題的較量。在核心議題上佔據優勢還是處於劣勢意味著整個談判活動的結果是有利的還是不利的。換句話說,談判的核心議題上的成功與失敗關乎整個談判的成功和失敗。

⑴針對價格的策略。如果價格成為談判的核心議題,那麼你需要拿出更多的證據來說明你的價格的合理性。例如,如果對方抱怨定價太高,你就要說價格高是因為產品品質好,提供品質好的產品正是為了對方公司的利益著想,這樣就會讓對方比較容易接受高價位的產品。同時,你需要提供產品品質的各種說明,以使自己的價格相對合理。當然,你還可以採取其他策略,例如價格的分解、附加利益的說明等等。

⑵針對品質的策略。如果對方在清楚地瞭解到你的產品的品質後仍然與你開展業務談判,那麼可以肯定的一點是:對方對你的產品品質是接受的,雖然並沒有達到他的理想要求。這種情況下成交的機會就相當大,你可以從合理的、相對低廉的價格的角度說服對

方——「品質可以、產品適用，價格相對低廉」通常是一種有效的說服策略。

⑶針對數量的策略。舉個例子，你需要讓對方訂購更多的貨品，以此減少你在運費、生產成本上的支出，但對方認為訂購更多的貨物是不可能的，那麼你就可以採用提高交易價格的方法。同樣，還可以從建立穩定合作關係的角度來解決這個問題，即在未來某一可預見的時間裏，要求對方訂購多少產品，以沖抵短時間內較少交易數量的高昂成本。

⑷針對交易方式的策略。交易方式包括貨物交付方式、貨物結算方式等等，其中涉及一系列費用支出。如果出現在交易方式上相互衝突的情況，則需要綜合考慮交易本身的各種利益，做出權衡。

⑸針對交易期限的策略。如果對方認為交易期限是個嚴重的問題，即所謂的核心議題，而我方又沒有能力在對方提出的時間內完成全部交易，那麼有一個可行的辦法就是分批交付。

針對核心議題的談判策略將決定我們的談判工作是否能取得理想的結果。針對核心議題的談判策略就像一個支點，它撬動整個談判，是我們談判工作的「著力點」。

談判都是圍繞某個核心議題進行的，能進行到什麼程度，通常都是由對談判的核心議題的把握和較量來決定的。雖然談判隨時在變化，但最終是需要一個方案或者是不止一個方案來解決問題的，而到底那個方案最終會被各方面都認可，將取決於你在核心議題上採取的談判策略。

第 *3* 章

採購談判前的摸底階段

實質性的談判可能是多輪次的，經過多次的反覆談判。在這個過程中，接觸摸底是必不可少的，要積極瞭解談判對方的意圖和態度，爭取取得談判場上的主動。

在這個談判過程中，雙方的接觸摸底是必不可少的，接觸摸底階段所進行的一切活動，一方面要為雙方建立良好的關係創造條件，這通常是透過營造良好的開局氣氛實現的；另一方面，雙方又要積極瞭解談判對方的特點、意圖和態度，透過掌握並分析對方的信息來修正自身的談判方案，爭取取得談判場上的主動。

一、了解供應商的底細

在談判的接觸階段，談判雙方較多地把注意放在彼此的瞭解上，雙方都想弄清對方的情況。首先，考察對方是否誠實、正直，是否值得信賴，能否遵守諾言；其次，瞭解對方對這筆交易到底有

多大的誠意，這筆交易中對方的真實需要到底是什麼；再次，要努力瞭解對方的談判經驗、作風，對方的優勢、劣勢，瞭解對方每位成員的態度、作風和對此次談判的期望，甚至要知道對方認為有把握的和所擔心的事是什麼，是否可以加以利用等；最後，設法探求對方在此次談判中所必須堅持的原則，以及在那些問題上可以做出讓步。這種在談判的接觸階段，試圖運用各種手段和信息來源摸清對方底牌的做法，叫做談判摸底。

　　對手的需求也就是對手在談判中重點關注的內容，如果能探明對手的潛在需求，我方就能夠將大部份精力放在這些重點內容上面，從而達到事半功倍的效果。瞭解對手真正的需求，就應當瞭解對方同我方合作的真正意圖、合作的真誠度以及對實現這種合作的迫切程度。

　　美國公司傑尼被派往日本同一家公司談判，一踏上日本的土地，兩位日本公司的談判人員便熱情迎接並一路護送。其間，日本人問道：「您是否定好了回國時間？我們到時可以安排車送。」傑尼很高興地將回程時間如實相告，使日本人輕易地瞭解到了其談判的時間底線。

　　隨後，日本人並不急於談判，而是安排了一整週的遊覽。當傑尼問及何時談判時，日本人總說時間還早，並盛情邀請繼續遊覽。就這樣，直到最後兩天才安排開始談判。正式談判開始了，而就在談判的緊要關頭，送傑尼去機場的時間到了，商談只能在車上進行。為了完成任務，傑尼不得不在離開日本前很短時間內接受了日方的談判條件，做出了很大的讓步。日本人在這次談判中大獲全勝。

從這個實例我們不難看出,在商務談判中,誰能最先、最巧妙地獲得對手的談判信息,套出對手底牌,誰就掌握了談判的主動權,就更有可能取得談判的勝利。

二、談判摸底的內容

(1)對手的基本情況

在摸底階段,透過簡單的交流,談判人員應當對對手的基本情況,有比較詳細的瞭解。這些內容通常包括對方公司的歷史,社會影響,資產與投資狀況,技術水準,產品的品種、品質、數量以及生命週期等。

(2)對手的需求與誠意

對手的需求也就是對手在談判中重點關注的內容,如果能探明對手的潛在需求,我方就能夠將大部份精力放在這些重點內容上面,從而達到事半功倍的效果。瞭解對手真正的需求,就應當瞭解對方同我方合作的真正意圖、合作的真誠度以及對實現這種合作的迫切程度。

(3)對手的談判人員狀況

通常在商務談判中需要瞭解對方談判人員的組成以及各成員的身份、地位、性格、愛好及談判經驗,首席代表或最高決策者的能力、權限、以往成敗的經歷、其在談判中的特長和弱點以及對談判的態度傾向,等等。根據不同的談判性質和要求,有時還要收集一些更為深入、針對性較強的信息,如對方談判人員各自的想法和打算是什麼?相互之間關係如何?是否存在矛盾?誰可能是主要

對手？誰可能是爭取對象？有沒有幕後操縱者？談判代表與幕後操縱者之間存在怎樣的關係？等等。有時甚至還必須考察對方以往不成功的談判實例，以便從中瞭解對方的思維習慣、行動方式、心理傾向和自身需求。所有這些都會為我們瞭解對手提供線索。

(4)對手在談判中所必須堅持的原則

在摸底階段，我方應設法探求對方在此次談判中所必須堅持的原則，這些原則主要包括對方在那些問題上可以做出讓步，在那些問題上是被動的，其談判的時間底線和價格底線如何。瞭解到這些，可以使我方在實質磋商階段避重就輕，為我方爭取到最大利益。

這種摸底，雙方都會以十分巧妙的方式進行，在轉入實質性談判之前，應當充分利用此階段和對方接觸，獲得對方信息。在摸底階段，我們不僅要在初步的接觸中發現對方團隊中具有合作傾向的人，更要注意聽話聽音，運用技巧瞭解潛在信息。

三、如何讓對方透露關鍵信息

面對那些供應商，應該如何撬開他們的嘴巴，從他們嘴中套出實話呢？

1. 讚揚對方

讚揚在談判過程中能有一種調節氣氛的作用，尤其在談判進入僵持階段的時候，更要運用讚揚的手法向對方表示友好。

一個金屬冶煉企業希望從日本的一家公司引進一批冶煉設備。可是由於資金有限，我方並不願意引進全套設備，而是想採取部份引進的方法。這個方案的提出遭到了日本方面的強烈

反對。

雙方互不相讓，導致談判進入了僵持的階段。

這個時候如果再用強硬地語氣進行說服勢必導致談判失敗。於是我方代表開始主動緩和氣氛。他面帶微笑地對日方代表說：「我們透過多方調查，瞭解到您的公司擁有其他公司無法比擬的生產技術和世界上最棒的工程師。如果我們引進你們的生產設備，就是對我們產品品質的絕對保障，我們也能夠獲得更為可觀的利潤。我們是最大的一個冶煉企業，如果我們企業發展好了，您的設備在市場的銷路就被打開了，您覺得呢？」

對方的談判代表正是該公司的首席工程師，聽到這樣的話，他的臉上浮現出滿意的表情，談判的尷尬氣氛也由此被打破。我方代表則抓住這個機會，提出部份引進的確是我們的無奈之舉，希望對方能理解。如果對方由於這樣的小問題拒絕這次合作，那麼將會失去整個市場。

對方代表聽了我方的闡述，開始感覺到問題的嚴重。他們也不希望失去這個廣闊的市場。於是他們接受了我們的提議，我方因此節省了大量的資金。

我方代表在採購談判的過程中巧用了讚揚的方法，活躍了氣氛，使得對方非常樂意同我們繼續往下交談。這種狀態下，對方很容易懈怠，對於問題的思考方式起就容易順著我們的思路向下進行，這樣就達到了我們的談判目的。

可透過充分調查來瞭解供應商，透過適度裝傻和讚揚的方式來麻痹供應商，注意挑選適當的場合，不要顯得太突兀；還要注意適度，不要過分使用，否則會給供應商留下過分諂媚或者裝愚守拙的

不良印象。

2. 假裝無知

在談判中，大多數人都願意淋漓盡致地展現自己的聰明才智。其實，若想撬開供應商的嘴巴，最有效的一個方法就是「假裝無知」。

提問時，我們可以運用一些這樣的語句：

「這個我不是很清楚，麻煩您解釋一下。」

「我只知道它的一種功能，還有其他的嗎？」心理學家認為：每個人都希望在別人面前體現出自己的優越感。如果適當用真誠的語言向供應商表示自己所知甚少，就會讓供應商興致勃勃地往下進行講解。

美國有個著名心理實驗，他們選取了 100 個聽眾來收聽廣播，並且對播音員進行相應評價。對於這個實驗結果，我們會很自然地認為錯誤次數多的播音員將得到差評。結果卻是錯誤次數多的播音員得到了好的評價，因為他們覺得沒有錯誤的播音員不夠放鬆，因此所呈現出來的狀態也不夠真誠，無法打動聽眾。採購談判也是如此，如果我們給供應商一種完美的印象，會讓他們感覺到壓力。如果我們偶爾故意說錯話，供應商對我們的戒備心理就會削弱。

故意說錯，讓對方糾正我們的謬誤可套出供應商的真實信息，例如「這批貨的庫存量是 500 件嗎？」「不對，是 300 件。」不過在運用這種方法之前，我們要向供應商透露一些我們的秘密，甚至可以適當透露一些重要信息給供應商，這樣他們才會願意對我們說真話。

3.營造一種「是」的氣氛

美國有一位銀行櫃員，他總是會面對一些不願填寫完整客戶資料的顧客，這時他就會說:「這是銀行的規定，如果您不能把表格填寫完整，那麼我們就有權利拒絕你的存款要求。」這種做法常導致顧客對他的投訴。他很苦惱，於是決定改變策略。

他對顧客說:「我認為這個表格您可以不必填寫，但是如果發生什麼意外，您是否願意把存款交給您最親密的人?」

顧客回答:「當然願意。」

櫃員:「那麼請您把您最親近的親屬的姓名、情況，填在這份表格上，如果出現什麼情況，我們立即把這筆錢移交給他。」

顧客:「好，好吧。」

這位顧客態度軟化的原因，是他已知道填寫這份表格完全是為他打算。他離開銀行前，不但把所有情況都填在表格上，而且還接受了這位銀行櫃員的建議，用他母親的名義，開了個信託帳戶，有關他母親的具體情況，也按照表格詳細填上。

這位銀行櫃員改變策略後營造了一種「是」的氣氛。顧客知道了這件事情是對自己有利的事，自然也就不會拒絕了。我們在採購談判的過程中，也可以採用這種辦法，讓供應商明白，我們的策略對他們是有益處的。

4.製造緊張氣氛

讓供應商產生恐懼心理，是談判過程中經常採取的一種方法。例如，我們可以向他們分析一下市場需求，盡量給他們製造供大於求的感覺，讓他們覺得如果貨物不及時出手，很可能導致積壓的狀況。從心理學的角度來講，恐懼感會讓人方寸大亂，供應商在面臨

一種緊迫狀態時，都會立即採取行動，及時將貨物出手。

5. 以退為進

美國有一家很大的航空公司要在紐約郊區建成一個航空站。由於航空站的耗能非常大，所以他們找到當時一家實力不錯的電廠，希望電廠能夠給予他們比較優惠的電價。

幾輪談判下來，電廠的態度非常強硬，他們以公共服務委員會不批准為由拒絕降價，談判陷入了尷尬的局面。

這時，航空公司的談判代表提出：「如果電廠方面不考慮給予我們優惠的電價，我們成本就會增加，這樣航空站很可能在建成之初就處於虧損狀態。所以，我方決定自己建一個發電廠。」

此言一出，會場裏頓時一片安靜。因為航空公司的這個決定是他們始料不及的。電力公司的人員商量片刻，還是決定把電價調低。

因為即使給予優惠的電價，電力公司的利潤仍然非常可觀，他們不想讓一單到手的生意就這樣流失。

航空公司面對電廠強硬的談判態度，採取以退為進的策略，提出若對方不給予優惠的電價，就自己建發電場的想法。航空公司的做法令電廠人員始料不及，看在可觀的利潤上，他們只好決定調低電價。

案例中航空公司以退為進的辦法取得了非常好的效果。這種辦法的核心就是一定要事先設計兩種方案，先透過比較溫和的方式與對方交涉；如若不行，則提出一個對於對方來講沒有好處的方案。這樣對方就會意識到問題的嚴重性，自然也就不會拒絕我們了。

6. 有硬有軟

談判常採取一唱一和的方式。所謂一唱一和就是在談判的過程

中採購方要對談判人員進行明確的角色分工。先由一個人充當「紅臉」，他要以堅定的立場、傲慢的態度和咄咄逼人的氣勢給供應商強大的壓力；再由另一人充當「白臉」，他要以溫文爾雅的態度、誠懇的表情、合情合理的談吐來開解供應商，例如：

「我很同情你們，我也願意考慮你們的立場，可是董事會是不會同意我這麼做的。」

「我很願意在這一點上認同你們的觀點，可是政策不允許。」

供應商由於認識到了「紅臉」的厲害，肯定對「紅臉」避之不及。他們會認為，如果這個時候同「紅臉」談判，那麼情況也許會更糟，所以他們自然會同意與「白臉」達成協議。在這個過程中，我們透過兩種角色的扮演，透過有硬有軟的方式抓住對方的要害，達到談判目的。

四、收集談判供應方的談判作風

談判作風實質，是談判者在多次談判中表現出來的一貫風格。瞭解談判對手的談判作風，可以為預測談判的發展趨勢，制定我方的談判策略提供重要的依據。

美國一家麵包公司生產的麵包品質好，價格也適中，吸引了很多顧客。但奇怪的是，一家大飯店始終不肯訂購該公司的麵包。麵包公司的老闆湯姆為了將產品打入這家飯店，費盡了心思和飯店經理聯絡卻收效甚微。於是湯姆決定另闢蹊徑，在下一次見面會談之前好好研究一下對方的情況。他透過多方打探收集該飯店經理的個人愛好，瞭解到該經理是美國某一飯店

協會的會員並熱衷協會活動，還被選為該協會會長。

於是，在下一次會談中，湯姆開局階段絕口不提麵包的事，而是以飯店協會為話題和經理展開談論。這果然引發了經理的極大興趣，雙方的心理距離一下子拉近了不少。在一種友好的氣氛中，湯姆自然而然地將生意作為話題的一部份引出，效果十分理想。

1. 採購談判人員的性格

談判人員性格可分為下列 4 種性格：

(1)狐式性格

有些企業的銷售人善於玩小聰明，他們能洞察談判的發展，不擇手段地攫取想要的東西，就像狐狸的成功靠耍陰謀詭計一樣。他們誘使旁人鑽入圈套，只要能達目的就無所不用其極。他最善於抓住「羊」的弱點肆行壓榨，對行事如「驢」者，更不在話下了。

(2)羊式性格

有些企業的銷售人員忙於完成銷售任務，他們對任何東西都能接受，總是聽人擺佈來做抉擇。像羊入屠宰場時的模樣，他們行事無主見，任人左右，缺乏為自身利益而鬥爭的意識，往往事事屈從，唯恐得罪了對方，甚至對方不高興他也要怕。

(3)驢式性格

有些企業的銷售人員可能是某銷售企業的親戚，這種人對何者為可能懵然無知。其特點是：不動腦筋，輕率反應，明知不對頑固堅持，或是死抱著不切實際的所謂「原則」不放，以無知作主導，談判時必然幹蠢事。

(4)梟式性格

有些資深企業經營者在參與談判的時候,他們在談判中具有長遠眼光,重在建立真誠的關係,以求取得想要得到的東西。他們面對威脅與機遇都能處變不驚,從容應付,以自己的言行贏得對方的尊敬。他不會去欺淩「羊」、「狐狸」和「驢」。

2.各式性格的特點

(1)狐式性格的特點

①八面玲瓏。

這類企業銷售人員往往從人際關係上下工夫,常常表現為八面玲瓏、四面討好。常用回扣來麻痹一些採購人員。

②笑裏藏刀。

他們常常表面上裝出真誠,誘使採購員鑽入圈套,只要能達目的就無所不用其極。

③沒有責任。

他們更多是為了謀求自己的利益,從來不關心採購方與供方的利益。

④善於談判。

狐式性格之所以可以獲得經營者青睞,在於他們的談判技能。

(2)羊式性格的特點

①老好人。

為了達到銷售目的,喜歡當老好人,以把客戶簽下為目的,不管企業是否有製造與供應能力。

②沒有主見。

這部份銷售人員的主見來自客戶,自己沒有主見。

③人際關係好。

由於當老好人，供應商非常喜歡這類性格。

④責任心強。

這類銷售人員一般比較務實，只要答應客戶的事情一般都能辦到，供應商對此類談判人員可以放心。

(3)驢式性格的特點

①愛以老大自居。有些企業銷售人員，本著自己與企業經營者的關係或者本企業勢力，處處擺老大的架子。

②好面子。明知錯了，卻要強說自己正確，目的是等待台階下。

③沒有主見。這部份銷售人員的主見來自上級，自己沒有主見。

④固執。由於沒有主見，且愛面子必然固執。

(4)梟式性格的特點

①處變不驚。

他們在談判的時候，面對採購員的任何威脅與機遇都能處變不驚，從容應付，讓人無懈可擊。

②眼光長遠。

他們在談判的時候，不會拘於一時的得失，往往重於長遠的銷售打算。

③業界有知名度。

能夠做到如此穩重性格，主要基於在業界內多年打拼，對業界情況瞭若指掌，因此在業界會享有較高知名度。

④談判真誠。

這些資深經營者經營造就「誠信是商道的第一原則」。

3.四種性格的對策

採購人員應針對以上談判對手的 4 種性格、特點,做好相應的談判對策。其具體對策如表 3-1 所示。

表 3-1　談判對手四種性格的相應對策

種類	對策	案例
驢式性格	立場堅定	「這雖是你們公司的規定,但也是行業內部的規定」 「我們用行業說話」
	用事實說話	「請出示樣板」 「這是你們上個月的銷售量」 「我們對你的製造研發成本進行了計算,請過目」
	給予適度吹捧	「王經理可謂是行內專家呀」 「王業務員不愧為貴公司銷售棟樑」
	注意提供台階	「你說的是昨天的行情。看來孫經理太累了,把昨天與今天混淆了。」 「孫先生請給我留一條退路呀,不然兄弟我沒法混」
羊式性格	真誠以待	「能認識你,相見恨晚。我們今天是來學習的」 「請你先陳述意見吧」
	提升對方信心	「我們今天談不成,沒關係,最終會找到共同點的」 「談判嘛,就是要講究雙贏,要保證我們都能掙錢」
	主動提示	「不知你們老闆有什麼意見」 「我建議為了保證安全,這個項目可能要你們上級與你一起來決定」
狐式性格	要堅持原則	「堅決不收回扣」 「我們最好一次性談清楚」 「兄弟歸兄弟,但公事歸公事」
	要注意尺度	「這個問題已經不能讓步了,請你再考慮吧」 「根據行業規定,必須有合約書」
	辨別真偽	「對於這些問題,我們需要看你們的詳細計劃」 「我要去你們工廠看看」
梟式性格	真誠相待	「這是我們的產品型號,請過目」 「你先開價吧,然後我們再報價」
	從長遠看問題	「我們這次可以給你一次性價格,但也希望下次給我們優惠」 「我們的合作是長遠的」 「雙贏是我們唯一目的」
	注意禮貌	「您先請」 「初到貴公司,果然名不虛傳呀」 「簽約後,我們開車送你」

第 **4** 章

採購談判的開局階段

　　談判的開局階段佔整個談判程序中的一小部份，卻能奠定談判整體基調的作用。左右著談判的走向與格局，在細節上影響著後續談判過程所要解決的問題以及解決問題的方式。

　　開局階段是指談判雙方進入面對面談判的開始階段，從時間上來看，談判的開局階段雖然只佔整個談判程序中的一小部份，一方面它左右著談判的走向與格局，另一方面，又在細節上影響著後續談判過程所要解決的問題以及解決問題的方式。

一、巧妙寒暄

　　寒暄不是簡單的打招呼，也不是輕描淡寫的問候，而是一種非常必要的溝通。實際上，巧妙的寒暄是開始採購談判的最好的鋪墊。採購人員在面對供應商的時候如何打開話題，讓對方覺得和你

有話可談，甚至願意和你成為知己，並建立長期的合作關係，這些都顯得非常重要。如果一開始就使對方感到親切、自然，將有助於縮短我們與供應商之間的距離，為談判開局階段創造一種良好的氣氛。

寒暄在談判中的重要性，但並不是任何的寒暄都能起到積極的作用，不恰當的寒暄很可能會弄巧成拙。如何處理好寒暄呢？具體有以下幾個原則。

1. 分清寒暄對象

分清談判對象，對於寒暄來說也很重要。跟初次見面的人寒暄，最標準的說法是：「您好」、「很高興能認識您」、「見到您非常榮幸」。如果想要隨便一些，我們也可以說：「早聽說過您的大名」、「某某人經常跟我談起您」，或是「我聽過您作的報告」等。跟熟人寒暄，用語則不妨顯得親切一些，可以說「好久沒見了」、「我們又見面了」，也可以講：「您今天氣色不錯」、「您這身外套真棒」、「今天的風真大」等。

在採購談判中，對採購人員的口才有很高的要求。採購人員不一定要伶牙俐齒、妙語連珠，但必須具有良好的邏輯思維和清晰的語言表達能力，在談話之中保持自己應有的風度，始終以禮待人，但又沒有忘記採購員的角色。

2. 友善的態度

在寒暄的過程中，應該用熱情友善的態度和供應商交談，並努力發揮個人的魅力，爭取給對方留下美好的第一印象。即使自己心情不好或身體不適，也應努力克制。試想，當對方用冷冰冰的態度對你說「我很高興見到你」時，你會有一種什麼樣的感覺。那種沒

有熱情、敷衍了事的寒暄是達不到溝通目的的。如果讓供應商感到你態度不夠真誠，還會增加抵觸情緒，給談判的順利進行帶來不必要的障礙。因此，寒暄應該從心底出發，向對方表示真正的親切。對方自然會從心裏發出回應，為交流打下良好的基礎。

3. 寒暄要適可而止

寒暄不是談判目的，初次見面時間不超過五分鐘，不失禮節即可。恰當適度的寒暄有益於採購談判，但切忌沒完沒了。否則，很容易引起供應商的反感。有經驗的採購員，總是善於從寒暄中找到契機，因勢利導，「言歸正傳」。

4. 選擇合適的話題

寒暄的內容可以是多方面的，可以選擇與談判不相干的話題，如討論天氣情況。天氣幾乎是談判寒暄中最常用的話題。天氣很好，不妨同聲讚美；天氣不好，也不妨交換一下彼此的苦惱。還可以選擇一些輕鬆的話題，如時下的社會新聞或娛樂消息作為寒暄內容。假使我們有一些特有的新聞或獨特的意見，那足可以吸引對方的注意力。

我們可以談談雙方共有的經歷，這樣不僅可以溝通感情，而且還能創造和諧的會談氣氛，天氣議題是良好可接受的話題，政治議題不要談。

寒暄時，具體話題的選擇要講究，話題的切入要自然，這樣雙方的距離就會有效地縮短。要盡量把寒暄內容引到供應商感興趣的話題上去，最常用的是問對方的家鄉、那裏的風土人情，以及對方是否經常旅遊、去過那些地方、有什麼愛好等，這些都可以作為寒暄的話題。

二、開場陳述的內容

開場陳述的方式，可以由談判一方提出書面方案發表意見或者雙方口頭陳述。至於運用那一種陳述方式，應根據具體的談判環境而定。

開始階段的書面建議，應敍述方案方對當次談判內容所持有的觀點、立場等問題。但是，書面文字大多使用較為正式的表達方式，容易使建議缺乏靈活性並影響談判氣氛的建立。

若開場陳述是由供應商提出一份書面方案，我們就要對每個問題都認真查問，並引導對方儘量詳細地說明方案中的內容及其細節，並且切忌過早地表示同意或反對對方的陳述。在聽清和瞭解對方意圖後，要及時明確地表示我方的看法，並找出彼此之間需求的差距。

若開場陳述是由我方提出一份書面方案，切忌毫無保留地暴露我方所有的立場、觀點和意向。在回答對方的提問前，首先應該弄清對方提問的目的，儘量利用反問的方式，引導對方對我方所提出的反問發表意見，然後根據我方的策略慎重回答。

口頭陳述則是談判前雙方不提交任何書面方案，僅僅在開場時，由雙方口頭陳述各自的立場、觀點和意見。該方式具有很大的靈活性，我們可以根據供應商所表現出來的立場、誠意及談判中所出現的具體情況，去靈活變更自己的立場和策略。

1. 我方的立場

即我方希望透過談判取得的利益、我方可以採取何種方式為雙

方的共同利益作出貢獻、今後雙方合作中可能會出現的成效或障礙、我方希望當次談判遵循的方針等。

2. 我方對問題的理解

即我方認為本次談判應涉及的主要問題，以及對這些問題的具體看法或建議等。

3. 針對對方各項建議的反應

如果供應商開始陳述或者對我方的陳述提出了某些建議，那麼我方就必須對其建議或陳述作出應有的反應。

三、採購談判的開局策略

談判開局策略是謀求談判開局有利形勢而採取的手段。下列這些開局談判方式，談判者在選擇其中一項方式時，應當對談判中的各方面因素加以考慮再作出選擇，以免造成不利影響。常用的開局策略一般包括以下幾種。

(1) 協商式開局策略

協商式開局策略是指各方就談判程序、議題以及具體內容等進行協商，使雙方對談判產生「一致性」的感覺，從而使談判雙方忘掉彼此的爭執，在友好、愉快的氣氛中展開談判工作。這種開局策略適用於談判雙方實力接近、沒有商務往來經歷的情況下。

例如，談判一方以協商的口吻徵求對方的意見，並對其意見表示贊同或認可，最終雙方達成共識。採購人員姿態上要不卑不亢，沉穩中不失熱情，自信但不自傲，把握住適當的分寸，順利打開局面。

採購員:「我們先彼此介紹一下各自的生產、經營、財務的狀況,您看如何?」

供應商:「當然可以,如果條件合適的話,我們可以達成一筆交易。」

採購員:「完全同意。我們談 3 個小時如何?」

供應商:「估計介紹情況 1 個小時足夠了,其他時間談交易條件,應該沒有問題。」

採購員:「那麼,你認為是貴方先談?還是我先談?」

供應商:「就請您先談吧。」

上述開局中,採購員始終用協商的語氣進行談判,協商開局有助於談判者在自然輕鬆的氣氛中進入正式洽談,從而使談判各方在談判方面達成一致意見。

(2)坦誠式開局策略

坦誠式開局策略就是以開誠佈公的方式,向談判對手陳述自己的觀點或意願,儘快打開談判局面。

此開局策略比較適合過去有過商務往來或者有長期業務合作關係的雙方,因為雙方彼此互相瞭解,所以節省了談判的時間,避免不必要的矛盾和糾纏,從而取得預期的談判效果。在談判中可以真誠、熱情地暢談雙方過去的友好合作關係,採購人員可以適當地稱讚對方在商務往來中的良好信譽。

談判實力弱的一方通常會採用此種策略。當我方實力明顯弱於對方,採購人員可以坦率地表明我方存在的弱點,使對方理智地對談判目標加以考慮,這樣更能反映出我方對談判的真誠和自信。

某家不太知名企業的採購人員在同知名供應商談判時,發

現對方對自己的身份持有強烈的戒備心理。這種狀態妨礙了談判的順利進行。

於是，這位採購人員當機立斷，站起來向對方說道：「您好，很高興在這裏認識您。雖然我們企業背景和實力都不夠雄厚，但是我們很珍惜這次談判的機會，願意真誠與貴方合作。咱們談得成也好，談不成也好，至少可以做個朋友。」

採購員發現供應商對自己的身份持有戒備心理時，採用坦誠式開局策略。寥寥幾句肺腑之言，不僅可以打消對方的疑惑，而且還能贏得對方的信賴，這無疑有助於談判的深入進行。

(3)慎重式開局策略

慎重式開局策略是指以嚴謹的語言進行陳述。這樣做的目的是為了使對方放棄某些不適當的意圖，從而掌握談判局勢。此種策略適用於和對方曾有過商務往來談判，但對其表現不太滿意的情況。我方要透過嚴謹、慎重的態度，引起對方對某些問題的重視。

運用此種策略時，可以對過去雙方業務關係中對方的不妥之處表示遺憾，並希望透過本次合作能夠改變這種狀況或者用一些禮貌性的提問來考察對方的態度和想法。這種策略也適用於我方對談判對手的某些情況存在疑問，需要經過簡短的接觸摸底。

採購員：某某先生，您好，對於您給出的產品最低價格的問題，我們內部進行了認真的研究和討論。目前我們還不能接受您給出的價位，因為我們資金有限，這大大超出了我們的預算。我們是否可以採取另一種方式。例如，您的產品價格再低點，我們企業跟您續簽長期的合約，您看如何？

採購員透過使用慎重開局策略，要求供應商在價格上作出讓

步。慎重並不等於沒有誠意,也不等於冷漠和猜疑,這種策略正是為了尋求更有效的談判成果而使用。

⑷進攻式開局策略

進攻式開局策略是指透過語言或行為來表達我方強硬的姿態,從而獲得談判對手必要的尊重,並藉以製造心理優勢,使談判順利進行下去。

這種進功式開局策略,只有在特殊情況下使用,例如發現談判對手居高臨下、有某種不尊重我方的傾向時,我們就要變被動為主動,不能被對方氣勢壓倒。要採取進攻式開局策略,捍衛我方的正當權益,使雙方站在平等的地位上進行談判。

日本一家著名的電子公司在韓國剛登陸時,急需一家代理商來為其銷售產品。當日本電子公司準備與韓國的一家公司就此問題進行談判時,日方談判代表因為路上堵車遲到了。韓方的代表抓住此事緊緊不放,想要以此為手段獲取更多的優惠條件。

日方代表發現無路可退,於是站起來說:「我們十分抱歉耽誤了您的時間,但是這絕非我們的本意。我們對韓國的交通狀況瞭解不足,所以導致了這個不愉快的結果。我希望我們不要再為這個無所謂的問題耽誤寶貴的時間了。如果貴方因為這件事懷疑我們合作的誠意,那麼,我們只好結束這次談判。我認為,我們所提出的優惠代理條件是不會在韓國找不到合作夥伴的。」

日本代表的一席話說得韓國代理商啞口無言,韓國公司也不想失去這次賺錢的機會,於是談判順利地進行下去。

　　在韓方代表就遲到一事故意刁難時，日方代表果斷採取進攻式開局策略。日方代表切中問題要害，對事不對人，既表現出己方的自尊、自信和認真的態度，又不咄咄逼人。

　　運用此種策略必須注意有理，不能使談判一開始就陷入僵局。一旦問題表達清楚，對方也有所改觀，就應及時調節一下氣氛，使雙方重新建立起一種友好、輕鬆的談判氣氛。

(5)衝擊式開局策略

　　衝擊式開局策略很少被採用，即使採用，也不能有失禮節或進行人身攻擊傷害對方的感情。

　　只有在某些談判人員自恃經濟實力強，開始就表現出冷漠、傲慢、百般刁難，或利用我方急需的原材料，過分抬高價格甚至傷害我方的感情時，我們才使用此策略。

　　一位供應商利用某企業急需他們原料且瀕於停產之機，大肆抬高產品價格，並且出言不遜，傷害對方談判人員的感情，詆毀該企業的名譽。

　　該企業談判人員在謙恭、退讓之後，突然拍案而起。他指責對方道：「貴方如果缺乏誠意，可以請便。我們尚有一定的原料庫存，並且早就做好了轉產的準備，想必我們今後不會再有貿易往來。先生，請吧！」

　　採購人員在面臨供應商大肆抬高產品價格、出言不遜、傷害我方感情和詆毀自己企業名譽的情況下，並沒有向對方妥協，而是採用衝擊式開局策略，合理地拒絕了對方的無禮要求。

　　由於談判雙方已經投入了相當的人力、財力，如果中止談判對雙方都很不利。此時，這種衝擊式的表達技巧，就會產生應有的效

果,促使對方再次坐下來開始真誠的談判。

四、營造開局氣氛的方法

一個好的開始是成功的一半,談判亦是如此。每一次談判的開局階段,我們可以透過對方的態度、抱負、意圖等信息探查出對方的基本姿態。開局策略的使用,決定著我們最後的輸贏。所以,針對供應商接觸的初步開局階段,我們也要精心策劃。

面談時,先提出交易條件,是事先雙方不提交任何書面形式的文件,在談判時,才提出交易條件。

這種談判方式有很大的靈活性,先磋商後承擔義務,可充分利用感情因素,建立個人關係或緩解談判氣氛等。缺點就是容易受到對方的反擊,闡述複雜的統計數字與圖表等相當困難,語言的不同可能會產生誤會。

運用這種談判方式的時候,要把握明確的談判內容,使雙方都能明確各自的立場,不要忙於自己承擔義務,而應為談判留有充分的餘地;其次,我們還要注意到目前的合約與其他合約的內容聯繫;最後,無論心裏如何考慮,都要表現得鎮定自若,要隨時注意糾正供應商的某些概念性錯誤。

採購談判開局氣氛,對整個談判過程有著相當重要的影響和制約作用。可以說,那一方控制了談判開局氣氛,就掌握了談判的主動權。

根據不同的基調,可以把商務談判的開局氣氛分為高調氣氛、低調氣氛和自然氣氛,談判人員可以採取不同的方法來營造我方所

需的開局氣氛。

　　某進出口公司與泰國一家公司談生意，我公司的劉經理在此之前瞭解到泰國公司總經理陸先生喜歡下象棋。

　　於是在談判前一天的黃昏，劉經理帶著一副精工製作的象棋來到陸先生下榻的賓館。「下一盤棋怎麼樣？」接到這樣的邀請，年過半百的陸先生居然像孩子一樣興高采烈。原來，陸先生出身於象棋世家，他的孩子還酷愛收集各種各樣的象棋。一場酣戰下來，雙方意猶未盡，劉經理醉翁之意不在酒，又和陸先生暢談事業、成就、親情、家世。陸先生對劉經理大為讚賞，當即表示：「能和你這樣的人做朋友，這筆生意我少賺點都很值得！」兩天后，雙方在陸先生下榻的賓館簽訂了協議。

(1)營造高調氣氛的方法

　　談判的高調氣氛是指預期談判氣氛比較熱烈，談判雙方積極主動，愉快因素成為談判主導因素的談判開局氣氛。通常在下述情況下，談判一方應當努力營造高調的談判開局氣氛：我方佔有較大優勢；價格等主要條款對我方極為有利；我方希望儘早達成協議。在高調開局氣氛中，談判對手往往會放鬆警惕，只注意到對他們有利的方面，而且對談判前景也趨於樂觀。

　　美國一家麵包公司生產的麵包品質好，價格適中，吸引了很多顧客。但奇怪的是，一家大飯店始終不肯訂購該公司的麵包。麵包公司的老闆湯姆為了將產品打入這家飯店，費盡了心思和飯店經理聯絡卻收效甚微。

　　於是湯姆決定另闢蹊徑，在下一次見面會談之前好好研究一下對方的情況。他透過多方打探收集該飯店經理的個人愛

好，瞭解到該經理是美國某一飯店協會的會員並熱衷協會活動，還被選為該協會會長。於是，在下一次會談中，湯姆開局階段絕口不提麵包的事，而是以飯店協會為話題和經理展開談論。這果然引發了經理的極大興趣，雙方的心理距離一下子拉近了不少。在一種友好的氣氛中，湯姆自然而然地將生意作為話題的一部份引出，效果十分理想。

①感情攻擊法

感情攻擊法是指透過某一特殊事件來引發同存在人們心中的情感因素，從而達到營造氣氛的目的。

一家彩電生產企業準備從日本引進一條生產線，於是與日本公司進行了接觸，雙方派出各自的談判小組就此問題進行談判。談判當天，雙方代表剛剛就坐，中方的首席代表就站了起來，他對大家說：「在談判開始之前，我有一個好消息要同大家分享。我的太太昨晚為我生了一個大胖兒子！」此話一出，中方職員紛紛起身向他致賀，日方代表出於禮貌也只能起身一同道喜，整個談判會場的氣氛頓時高漲起來。後面的談判也進行得非常順利，中方企業最終以合理的價格成功地引進了所需的生產線。

那位代表為何要在談判場合提及毫不相關的、自己太太生孩子的事情呢？原來，在以往與日本企業的談判中，此代表發現日本人很願意板起面孔談判，一開局便造成一種冰冷的談判氣氛，給中方人員造成很大的心理壓力，從而控制整個談判，趁機抬高價碼或提高條件。於是，他便想出了在開局階段用自己的喜事打破日本人冰冷面孔的辦法，營造一種有利於我方的高調氣氛。

②稱讚法

稱讚法是指透過稱讚對方來削弱其心理防線，使對方煥發談判熱情，從而營造高調開局氣氛的方法。

在運用稱讚法時，首先要選準稱讚目標，投其所好，即選擇對方最引以自豪的並希望我方關注的目標。

華人企業想成為一日本著名公司的地方代理商。雙方幾次磋商均未達成協定。在最後一次談判剛開始時，華人企業的談判代表突然發現日方代表喝茶及取放茶杯的姿勢十分特別，於是他說：「從××君喝茶的姿勢看來，您十分精通茶道，能否為我們介紹一下呢？」這句話正好點中了日方代表的興趣點，於是他滔滔不絕地講了起來。結果後面的正式談判進行得十分順利，那家華人企業終於如願以償得到了代理權。

在運用稱讚法時，還要注意選擇恰當的稱讚時機和稱讚方式。稱讚時機不恰當往往令稱讚法適得其反；稱讚方式不得體，就會變成刻意奉承，引起對方反感。

③幽默法

幽默法是指用幽默的方式來消除談判對手的戒備心理，使其積極地參與到談判中來，從而共同創造出高調談判開局氣氛的方法。採用幽默法同樣要注意選擇恰當的時機和適當的方式，另外還要做到收發有度。

(2)營造低調氣氛

低調氣氛是指預期談判氣氛十分嚴肅、低沉，談判的一方情緒消極、態度冷淡，或一方過於張狂，不快因素構成談判主導因素的開局氣氛。通常在下列情況下，談判人員應當努力營造低調開局氣

氛:我方在預期討價還價中不佔絕對優勢;合約中某些條款並未達到我方要求;對方開場氣勢洶洶,刻意壓倒我方。為了改變對我方不利的開局氣氛,控制局面,談判人員可以採用以下的方法營造低調開局氣氛。

①感情攻擊法

這裏的感情攻擊法與營造高調開局氣氛中的方法性質相同,即兩者都是以情感誘發作為營造和控制開局氣氛的手段,但是,兩者的作用相反,在營造高調氣氛時,感情攻擊是激起對方積極的情感,使得談判開局氣氛熱烈;而在營造低調氣氛時,是要誘使對方產生消極情感,致使一種低沉、嚴肅的氣氛籠罩在談判的開局階段。

②沉默法

沉默法是以沉默的方式來使談判氣氛降溫,從而達到抑制對方過盛氣焰,向對方施加心理壓力的目的的一種開局方法。

美國一家公司向一家日本公司推銷一套先進的機器生產線,雙方都派出了技術力量很強的談判小組進行談判。美方開局時的熱情非常高,擺出一副志在必得的架勢。談判一開始,美方代表就喋喋不休地大談特談他們的生產線如何先進,價格如何合理,售後服務如何週到。在美方代表高談闊論的時候,日方代表表現得十分低調,一聲不吭,只是埋頭記錄,將美方所談的每一個問題都詳細記下。當美方代表興致勃勃地講完以後,問日方代表還有什麼問題時,日方代表卻擺出一臉茫然的樣子裝作沒有聽懂。如此反覆了三四遍,美方一開始時的熱情減退了很多,場面已不像剛開始那般熱火朝天了,整個氣氛隨即轉入了一種相對低沉的狀態。日本代表看到時機已經成熟,

便開始「冷冰冰」地向對手提出了一連串問題，問題的尖銳程度是美方代表始料未及的。在這種情形下，美方代表陣腳大亂，最終日方將價格壓到了美方可以承受的極限，輕鬆獲得了成功。

其實日方從一開始就已經明白了美方所談及的每一個問題，但是，他們注意到當時的開局氣氛完全被美方代表控制，如果當時就提出問題，那麼美方代表很可能會趁興對這些問題進行回擊。於是，日方代表避開美方代表的鋒芒，選擇了適時適度的沉默，逐漸控制了談判氣氛，使談判向有利於我方的方向發展。

採用沉默法營造低調開局氣氛並不是要談判人員一言不發地「沉默」，而是要在恰當的時候以恰當的理由選擇沉默。通常，採用的沉默理由有：假裝對某項技術問題不理解；假裝不理解對方對某個問題的陳述；假裝對對方的某些話語漠不關心。但在運用此方法時要注意，應沉默有度，因為沉默背後的最終目的是要實施反擊，迫使對方讓步。

③疲勞戰術

疲勞戰術是指利用主動的提問使對方對某一個問題或幾個問題進行反覆陳述，從心理和生理上使對手疲勞，降低對手的熱情，從而達到控制對手並迫使其讓步的一種營造低調開局氣氛的方法。

一般來說，人在疲勞狀態下思維的敏捷程度會下降很多，容易出現錯誤，工作情緒不高，並且比較容易屈從於別人的看法。因此，在採用疲勞戰術營造低調開局氣氛時，談判人員應當多準備一些問題，而且問題設置要合理，使每個問題都能夠起到疲勞對手的作用。同時，我方還要認真傾聽對手的回答，以抓住對手回答中的漏

洞,作為後面的談判中迫使其讓步的砝碼。

④指責法

指責法是指對對手的某項小疏漏或禮儀失誤運用各種手段不斷強調,使其感到內疚,從而營造低調開局氣氛,迫使對方讓步的方法。

一次,一家公司到美國採購一套設備,因為去談判的路上交通堵塞,中方談判代表比預定的見面時間晚了近半個小時。美方代表對此大為不滿,花了很長時間來指責中方代表的這一失誤,中方代表因此感到十分難為情,頻頻向美方代表道歉。談判開始後,美方代表似乎還對此耿耿於懷,一時間,中方代表手足無措,無心與美方討價還價。等到簽訂合約後,中方才發現自己吃了大虧。

(3)自然氣氛

自然氣氛是指談判雙方情緒平穩,既不熱烈也不消沉的談判開局氣氛。自然氣氛十分有利於對對手進行摸底,因為談判雙方在自然氣氛中傳達的信息往往要比在高調氣氛和低調氣氛中傳達的信息真實、準確。當我方對談判對手的情況瞭解甚少,對手的談判態度不很明朗時,在乎緩的氣氛中開始對話是比較有利的。

在開局階段營造自然氣氛,談判人員要注意自己的行為、禮儀,避免一些唐突的舉動;在與對方初步交流時要多聽、多記,而避免與其就某一問題過早發生爭執。同時,要準備幾個問題自然地向對方提問,並且對對方的提問儘量多做正面回答,不能回答的要用委婉的方式迴避。

第 *5* 章

各種不同的採購談判地位

談判地位無外乎三種：優勢地位、劣勢地位和勢均力敵地位。處於不同的談判地位時，談判策略有所不同，採購談判人員應從容淡定地應對各種突發狀況。

談判中面臨的地位無外乎三種：優勢地位、劣勢地位和勢均力敵地位，處於不同的談判地位時，談判策略應有所不同。談判有利時機稍縱即逝，無論處於怎樣的談判地位，都要設法採用合適的策略應對供應商，否則只能無功而返。

一、優勢地位的採購談判

在採購談判中，三種不同地位的優勢地位談判，應對策略如下。

1. 期限策略

期限策略是指在談判中，處於優勢地位的一方向談判對手提出達成協定的時間期限，一旦超過時間期限，即主動退出談判，以此

來給對方施加壓力,使其儘快作出決策。

在採購談判中,當我們處於優勢地位,但與供應商達成協定的可能性不大,並且供應商存在眾多競爭者時,我們就可以採用此種策略使對方在不知不覺的情況下接受自己提出的談判條件。選用此策略必須注意以下五點:

- ·所規定的最後期限必須是供應商可接受的。
- ·對原有條件要有適當的讓步。
- ·在言語表達上要委婉,不要激怒供應商。
- ·要有令供應商信服的證據。
- ·給予對方議論或請示的時間。

2. 不開先例策略

不開先例的談判策略,是指在採購談判的過程中,處於優勢的一方為了堅持和實現我方所提出的交易條件,以沒有先例為由來拒絕讓步,採取對已有用的先例來約束對方,從而使對方就範,接受我方交易條件的一種強硬策略。

在談判的過程中,當我們和供應商產生爭執時,礙於面子問題而不好意思拒絕對方,此時,不開先例就是一個兩全其美的好辦法。它既是一種保護我方利益的有效策略,又是一種強化自己談判地位和立場的簡單方法。需要注意的是,如果對方有事實證據表明,我們只是對他不開先例,那就會弄巧成拙,適得其反了。

3. 先聲奪人策略

先聲奪人的談判策略,是在談判開局中借助於我方的優勢和特點,以求掌握主動的一種策略。但此策略如果運用不適當會給對方留下不良印象,甚至影響談判的順利進行。

　　例如，有些採購員為了達到目的，以權壓人，會令供應商反感，刺激對方的抵制心理。因此，採用這種策略時應因勢佈局，順情入理，適當地施加某種壓力，但必需運用得巧妙、得體，才能達到「奪人」的結果。

4.先苦後甜策略

　　先苦後甜的談判策略，是指在談判中，佔有優勢的一方，先用苛刻的條件使對方產生疑慮、壓抑等心態，以大幅度降低對手的期望值，然後在實際談判中逐漸讓步，使對方感到自己已經作出了相當大的妥協，從而達到談判的目的。

　　使用該策略，是因為人們通常對來自外界的刺激信號總是先入為主，如果先入信號為甜，再加一點苦，則覺得更苦；如果先入信號為苦，稍甜一點則感覺很甜。我們使用該策略的目的就是用「苦」降低供應商的期望值，用「甜」滿足其心理需要，從而推動談判的成功，使我們從中獲取較大利益。

　　例如，我們在與供應商談判的過程中，想要對方以更加優惠的價格把產品賣給我們，同時我們也意識到，如果我方不增加購買數量，對方可能很難接受我方的要求。於是我們可以在價格、品質、包裝、運輸條件、交貨期限、支付方式等條款提出十分苛刻的要求，然後在討價還價的過程中，再一點一點地作出讓步，讓對方感覺自己佔了便宜。這時，供應商鑑於我們的慷慨表現，就會同意我們提出的要求。

　　談判開始時，我們向供應商所提出的要求不能過於苛刻、漫無邊際，否則，對方會覺得我們缺乏誠意、拒絕協商，以至談判破裂。

5.「價格陷阱」策略

價格陷阱的策略,是指我們利用高價的手段,排除交易中的其他競爭對手,優先取得交易的權力,到了最後成交的關鍵時刻,便大幅度壓價,這時討價還價才真正開始。

麥克‧馬克是美國有名的投資家,他想興辦一座高爾夫球場。幾經努力,他終於在德國選中了一塊場地,這塊場地的市值大約為2億馬克,競爭者很多。但如果相互加價,價格就會相應抬高。那麼,怎樣才能得到它,並使價格在自己的掌控之中呢?麥克‧馬克找到了那塊場地的經紀人,表明了自己想購買這塊場地的意願。經紀人知道他是個有錢的主兒,便想敲他一筆,「這塊場地的優越性是無可比擬的,建造高爾夫球場保證賺錢,要買的人很多,如果您肯出5億馬克的話,我將優先給予考慮。」經紀人首先來了個獅子大張口。

「5億馬克?」麥克‧馬克表現出對地價行情一無所知的樣子,「不貴,不貴,我願意購買。」經紀人想,出價要狠這一招果然有效,他喜滋滋地將這個情況向土地所有者進行了彙報。土地所有者也大喜過望,覺得5億馬克的價格已高得過頭了,所以回絕了其他的競爭者。所有想購買這塊場地的人聽說自己的競爭對手是大富翁麥克‧馬克,也就紛紛退出了競爭。

但此後,麥克‧馬克再也沒去找經紀人,經紀人多次找上門去,他不是避而不見,就是推三托四說買地之事尚需斟酌斟酌。這可難壞了經紀人,他磨破嘴皮,希望將買地之事趕快敲定。可是,麥克‧馬克卻是不理不睬,最後他說:「土地我當然要買的,不過價錢怎麼樣呢?」

「您不是答應過出價 5 億馬克的嗎？」經紀人趕緊提醒道。

麥克·馬克嘿嘿一笑，說道：「這是你開的價錢，事實上地價最多只值 2 億馬克，你難道沒聽出我說『不貴，不貴』是譏諷的意思嗎？你怎麼把一句笑話當真呢？」

經紀人這才發現已經中了圈套，只好照實說：「地價確實只值 2 億馬克，您就按這個數目付款也行。」

「真是笑話，如果按這個價格付款，我就不需要猶豫了。」經紀人進退兩難，其他人已退出競爭，如果麥克·馬克不買就無人購買了，最後只好以 1.8 億馬克成交。

麥克·馬克就是利用了「價格陷阱」的策略。他首先排除了其他的競爭對手，然後讓場地的經紀人陷入困境，進退兩難，最後很順利地以最低的價格買下了那塊場地。

6. 我方優勢地位的應對技巧

甲：「你們提出的每台 1700 元，確實讓我們難以接受。若有誠意成交，能否每台降低 300 元？」

乙：「你們提出的要求實在令人為難。一年來我們對進貨的 600 多位客戶給的都是這個價格。要是這次單獨破例給你們調價，以後與其他客戶的生意就難做了。很抱歉，我們每台 1700 元的價格不貴，不能再減價了。」

在這個關於電冰箱價格的談判實例中，電冰箱供應者面對採購者希望降價的要求，為了維持我方提出的交易條件而不讓步，便採取了不開先例的手法。

對供應者來講，過去與買方的價格都是每台 1700 元，現在如果答應了採購者的降價要求就是在價格問題上開了一個先例，進而

造成供應者在今後與其他客戶發生交易行為時也不得不提供同樣的優惠條件，精明的供應商始終以不能開先例為由，委婉地回絕了對方提出的降價要求。

二、劣勢地位的採購談判

在採購談判中，當供應商實力雄厚，其產品在市場上具有較強的競爭力，並且能夠提供獨特的技術和服務時，我方就會處於相對劣勢的談判地位。這種情況下，就需要熟練把握運用一些策略，以便設法控制談判的方向和進程，取得最佳談判效果。

1. 難得糊塗策略

難得糊塗是指在談判的過程中，當出現對自己不利的局面時，我們故作糊塗，並以此為掩護來麻痹供應商的鬥志，從而「蒙混過關」的策略。使用此種談判策略不僅可以化解對方的步步緊逼，而且可以借機把談判話題引到有利於我方的交易條件上來。

假裝糊塗的重點在一個「巧」字，倘若弄巧成拙，對於談判的順利進行勢必造成一定的影響。我們假裝糊塗也要把握一定的程度，一旦超過了供應商的承受範圍，必然會影響談判雙方之間的感情，甚至可能導致談判的破裂。另外，假裝糊塗不能超出法律所許可的範圍，否則會給我們惹來許多不應有的官司。

2. 吹毛求疵策略

所謂吹毛求疵策略就是在採購談判中，針對供應商的產品或相關問題，再三故意挑剔毛病，伺機打擊對方，使其自信心降低，從而作出讓步。尤其在討價還價階段，供應商的報價往往很高，這對

我方非常不利，因此，我們要設法降低對方的目標，即採用吹毛求疵策略，挑出對方產品的缺陷，從而貶低其價值，達到以攻為守的目的。

　　秋收時節，果園果農忙著摘蘋果，此時許多水果公司也開始採購水果。A 水果公司的小孫，問果農 1 斤多少錢，果農說，20 元，並且還斬釘截鐵地說，少 1 分也不賣。小孫打開箱子檢查蘋果，先拿出 1 個小的，說：「您的蘋果表面大，底下的小」。一會又拿出個帶疤的蘋果，說：「您的蘋果算不上一級蘋果，頂多夠得上二級」。一會又拿出一個一半青色的蘋果，說：「您的蘋果不夠紅，零售賣不上價」。

　　果農聽小孫說的有理有據，就開始動搖了。終於開口說：「你要是想要，開個合適的價」。終於小孫以低於 20 元的價格買到了蘋果。

　　能夠恰到好處地提出對方的產品缺陷，是運用吹毛求疵技巧的關鍵所在，我們應該在掌握有關產品技術知識的基礎上，對其進行正確的估價。另外，我們提出的問題一定是對方商品中確實存在的，而不能無中生有，同時要注意把握分寸，要求不能過於苛刻，否則，很容易引起供應商的反感，使對方認為我們沒有合作的誠意，從而導致談判的破裂。

3. 權力有限策略

　　採購談判的過程中，當供應商要求我方在某些重要問題上作出讓步時，我們就可以宣稱自己在該問題上授權有限，無權向對方作出讓步，以使對方放棄所堅持的條件。我們將這種談判策略稱為權力有限策略。

通常來說，當我們權力有限時，要比大權獨攬時處於更有利的狀態。因為這樣我們就可以輕鬆地對供應商說「您的問題我非常理解，但需向我的上級領導彙報」，從而，迫使對方只能根據其所擁有的權限來考慮問題，最後不得不妥協。

成功地運用權力有限策略不僅可以起到有效地保護我方利益的作用，而且可以作為對抗供應商的盾牌。

在與供應商談判的過程中，我們難免會處於劣勢的談判地位。當我們身處劣勢時，不應該悲觀和沮喪，而應該透過認真分析問題的關鍵所在，採用上述一些談判的策略來扭轉原本對自己不利的局面。

蘋果熟了，果園裏一片繁忙景象。一家果品公司的採購員來到果園，「多少錢一公斤？」「1.6元。」「1.2元行嗎？」「少一分也不賣。」

不久，又一家公司的採購員走上前來。

「多少錢一公斤？」「1.6元。」「整筐賣多少錢？」「零買不賣，整筐1.6元一公斤。」

接著這家公司的採購員挑出一大堆毛病來，商品的功能、品質、大小、色澤等。其實買方是在聲明：瞧你的商品多次。而賣主顯然不同意他的說法，在價格上也不肯讓步。買主卻不急於還價，而是不慌不忙地打開筐蓋，拿起一個蘋果掂量著、端詳著，不緊不慢地說：「個頭還可以，但顏色不夠紅。這樣上市賣不上好價呀！」接著伸手往筐裏掏，摸了一會兒摸出一個個頭小的蘋果：「老闆，您這一筐，表面是大的，筐底可藏著不少小的。這怎麼算呢？」邊說邊繼續在筐裏摸著，一會兒，又摸

出一個帶傷的蘋果：「看，這裏還有蟲咬，也許是電傷。您這蘋果既不夠紅、又不夠大，算不上一級，勉強算二級就不錯了。」

這時，賣主沉不住氣了，說話也和氣了：「您真想要，還個價吧。」雙方終於以每公斤低於 1.6 元的價錢成交了。

第一個買主遭到拒絕，而第二個買主卻能以較低的價格成交。這關鍵在於，第二個買主在談判中，採取了「吹毛求疵」的戰術，說出了壓價的道理。

4. 以柔克剛策略

以柔克剛策略是指供應商在談判中堅持不讓步，我方處於劣勢地位談判時，針對其礎咄逼人的語言、苛刻的條件，採用平和的態度和柔緩的語言應對，以靜制動、以逸待勞、挫其銳氣，從而達到制勝目的的一種策略。

採購談判中，我們經常會遇到盛氣凌人、鋒芒畢露的供應商，他們的特點是剛愎自用、趾高氣揚、居高臨下。如果我們採取強硬的談判策略，以硬碰硬，往往容易使談判陷入僵局，所以，我們應該以平和柔緩的持久戰磨其棱角，挑起供應商的厭煩情緒，伺機反守為攻，奪取談判的最後勝利。

5. 疲憊策略

疲憊策略就是我們透過馬拉松式的談判，使供應商疲勞，促使對方接受我方條件的一種策略。當我們面對比較強勢的供應商時，疲憊策略就是一個十分有效的應對技巧，其目的在於透過許多回合的疲勞戰，逐步地消磨對方的銳氣，同時使我方的談判地位從不利和被動的局面中扭轉過來。

心理學的研究，人的心理特點及其素質有很大的差別。例如，

在性格、氣質方面，人人不同。而人們個性上的差異，又使人們的行為染上其獨特的色彩。一般而論，性格急躁、外露，對外界事實富於挑戰特點的人，往往缺乏耐心和忍耐力，一旦其氣勢被壓住，自信心就會喪失殆盡，很快敗下陣來，而遏止其氣勢的最好辦法就是採取「馬拉松」的戰術，攻其弱點，避其鋒芒。

採用疲憊策略，要求我方談判者事先要有足夠的思想準備，保持旺盛的精力。我們可以從以下幾個方面運用：

⑴連續緊張地舉行長時間的無效談判，拖延達成協議的時間。

⑵在談判中使問題複雜化，並不斷向供應商提出新問題。

⑶在談判中製造矛盾，採取強硬立場，或將已談好的問題反覆討論。

⑷在談判間隙，舉行供應商感興趣的活動，直到對方疲勞。

⑸積極主動地利用一切機會與供應商攀談，甚至在休息時間拜訪對方。

三、勢均力敵的採購談判

在採購談判中，當我們處於勢均力敵談判地位的時候又該如何應對？

實際上，當我們與供應商的實力不差上下的時候也是最考驗自己談判能力的時候，為此，採購人員一定要靈活掌握以下幾種談判重點。

1. 紅白臉策略

紅白臉策略又稱為軟硬兼施策略，是指在採購談判過程中，我

方有兩個人，一個扮演「紅臉」，另一個扮演「白臉」，或一個人同時扮演紅臉和白臉的角色，誘導供應商妥協的一種策略。

「白臉」是指強硬派，即在與供應商談判的過程中態度堅決、寸步不讓、咄咄逼人，幾乎沒有商量的餘地。而「紅臉」則是溫和派，在談判中表現得非常溫和，但實際上是為了與「白臉」積極配合，盡力撮合雙方合作，以致儘快達成利於我方的談判協議。

運用此種策略時，我們可以先由唱白臉的採購人員出場，既要表現得態度強硬，又要保持良好的形象、處處講理。當談判進入僵持狀態時，扮演紅臉的採購人員再出場，「紅臉」應是主談人，要表現出體諒對方的難處，以合情合理的態度照顧對方的某些要求，並放棄我方的某些苛刻條件，作出一定的讓步。若是一個人同時扮演「紅白臉」，要機動靈活。如發起強攻時，聲色俱厲的時間不宜過長，同時說出的硬話要給自己留有餘地。

有一次，億萬富翁皮特想買飛機，他計劃購買 10 架，且對其中的 5 架是志在必得的。起初，皮特親自出馬和飛機製造商洽談，卻因為價格原因導致談判破裂。最後這位富翁勃然大怒，拂袖而去。

後來，皮特找了一位代理人，他告訴代理人，只要能買下他最中意的那 5 架便可。可談判的結果很是出人意料，代理人居然將 10 架飛機都買下來，而且價格也令皮特相當滿意。

皮特非常佩服那個代理人，問他是怎麼做到的。代理人回答說：「這很簡單，每一次談判一陷入僵局，我便問他們，是希望繼續和我談呢，還是希望和皮特本人談。我這麼一問，他們就乖乖地說，算了，就按您的意思辦吧。」

如果我們站在代理人的角度看問題,很顯然,皮特所扮演的是「白臉」的角色,而代理人自己扮演的則是「紅臉」的角色。他正是抓住這一點,運用紅白臉的談判策略才得以將 10 架飛機全部買下來。

在使用此策略時要注意扮演「白臉者」要使人望而生畏並容易被激怒,而扮演「紅臉者」必須善於左右逢源,十分圓滑和理智。

2. 潤滑策略

「潤滑策略」就是指雙方談判人員為了表示友好和聯絡感情而互相饋贈禮品,以期取得更好的談判效果的策略。特別是在談判中,就習俗來講,互贈禮品同互致問候一樣,是雙方友好交往的必要手段。

在對外談判中,向外商適當地饋贈一些禮品,有助於增進雙方的友誼,符合社會的正當習俗。由於各民族的風俗習慣不同,在贈送禮品上有較大的差異。

如日本人不喜歡有狐狸圖案的禮品,英國人不喜歡以大象作商標的禮物,同時,受禮人不喜歡有送禮公司標記的禮品。與法國人交往不能送菊花,這是因為在法國只有在葬禮上才用菊花。在阿拉伯國家,酒不能作為禮物送給對方。

古語說「禮輕情義重」,送禮價值不宜太高。送禮物主要是表明或增進雙方的友好情誼,不是賄賂,禮物過重,除了貪心者外,對方也不便接受,有時反會產生疑心。只要禮物符合其民族習慣,又是精心選擇的即可。

還要注意送禮的場合,例如給英國人送禮最好是在請人用過晚餐或看完戲之後進行,而對法國人則在下次重逢之時為宜。

　　贈送禮品是一個十分敏感而又微妙的問題，一定要慎重行事，否則會適得其反.如對方贈送禮品，出於禮貌，應回贈禮品。如贈禮對象是一對夫婦，其夫人則是受禮的對象。

　　潤滑策略是一種敏感性、寓意性都較強的藝術，弄不好，效果會適得其反，因此，我們應該慎重對待。

3. 欲擒故縱策略

　　欲擒故縱策略是指在採購談判，雖然我們很想和供應商做成某筆交易，表面上卻裝出一副滿不在乎的樣子，似乎只是為了應付對方的需求而來談判，使對方急於談判，主動讓步，從而實現先「縱」後「擒」之目的。

　　採用此種策略時，我們務必使自己的態度保持半冷半熱、不緊不慢的狀態：

- 「縱」是指積極地「縱」，我們要在「縱」中激起對方的成交慾望。
- 注意言談與分寸，切不可羞辱供應商，避免從情感上傷害對方。
- 在供應商等待和努力之後，給其機會，以把對方重新拉回到談判桌上。

4. 走馬換將策略

　　走馬換將策略是指我們在談判桌上遇到關鍵性問題或與供應商有無法解決的分歧時，藉口自己不能決定，轉由其他成員再進行談判的策略。

　　我們可以透過更換談判人員，試探供應商的虛實，削弱其議價能力，為我方留有迴旋餘地，從而掌握談判的主動權。另外，前面

的主談人員可能會有一些遺漏和失誤,我們就可由更換的主談人員進行補救。

　　運用此策略時,需要注意的是我們在換人時,要向供應商作婉轉的說明,使對方能夠予以理解;並且,還要向換下來的談判人員做一番工作,不能挫傷其積極性。

5. 亂中取勝策略

　　亂中取勝策略是指在採購談判中,我們故意攪亂正常的談判秩序,將所有問題一股腦兒地攤到桌面上,使供應商一時難以應付,藉以達到使其慌亂失誤的目的。

　　通常,當我們面臨一大堆難題、精神緊張的時候,就會信心不足。我們可以在談判開始初期就向供應商提出品質標準、數量、價格、包裝、運輸工具、支付方式、送貨日期、售後服務等一大堆問題,把事情弄得很複雜,使供應商考慮沒有思想準備的問題,促使其作出讓步。

第 *6* 章
採購談判的執行階段

採購談判過程中，既要識別對方的談判手段、應付對方的強硬態度，本身要有技巧的運用談判手段，巧妙地化解談判過程中出現的僵局。

有些採購員在採購談判中失敗，不是缺乏採購談判的技巧，而是不瞭解供應商在談判中的心理變化，無法針對供應商的心理採取恰當的談判策略。

一、如何觀察供應商的談判心理

無論是大或小的供應商，在和他們談判時他們都會哭窮，說「毛利已經很低了，沒有錢賺」、「賺的錢還不夠運費」等，讓我們於心不忍；又或者是指責我們的工作，埋怨我們收貨速度慢、驗貨太挑剔等，讓我們感到內疚，從而不好意思提出自己的要求……這些都是供應商常使用的心理戰術，採購人員如果無法迅速分析出其心

理，很容易敗下陣來。

在二次大戰期間，盟軍司令巴頓將軍與德國陸軍元帥隆美爾即將展開一場世所矚目的「世紀大決戰」。在大戰爆發之前，巴頓將軍曾日夜苦讀隆美爾的一本軍事論述。果然，隆美爾在作戰中所採用的，正是隆美爾其著作所提及的戰術，所以，這場戰爭的勝利者，當然非巴頓將軍莫屬了。

在採購談判之前，瞭解供應商的談判心理很有必要。雖然談判心理是藏之於腦、存之於心的，但是，人的心理會影響人的行為，人的心理可以反過來從其外顯行為加以推測。

1.從對方的五官分析其談判心理

在談判中，最直接表露人的心理的，不外乎五官的表情了。在談判中，採購人員可以透過對方面部一切細小行為判斷其談判心理，進而瞭解供應商的談判思維特點、對談判問題的態度等，從而進行有針對性的談判準備，採取相應的對策，把握談判的主動權，使談判向有利於我方的方向轉化。下列是對人的面部變化與談判心理兩者間關係的具體分析：

(1)眼睛

對方瞪大眼睛看著你講話，表示他對你很有興趣。

對方眼神閃爍不定，是不誠實的表現。

對方目光炯炯，瞳孔放大，說明他對你有好感。

對方聽你講話，卻不看你的臉，說明他試圖掩飾什麼。

對方不斷眨眼，說明他已經產生了厭倦情緒。

(2)眉毛

當人興奮時，眉毛會上揚；當人舒適時，眉毛會自然舒展；當

人憂愁時，眉毛會緊皺；當人煩悶時，眉毛會下拉。

(3)嘴巴

撅起嘴表示不滿意或準備攻擊對方；緊抿住嘴表示意志堅決；失敗時咬嘴唇表示自我懲罰，或自嘲、內疚；注意傾聽對方談話時，嘴角會稍稍往後拉或往上拉；不滿和固執時往往嘴角向下。

2. 從對方的四肢分析其談判心理

僅僅從面部的眼睛、眉毛、嘴巴，觀察到的心理表現，有時會失之膚淺，尤其面對那些深藏不露的談判高手，我們很難從面部洞察到他的內心世界。這時，我們可以透過觀察他們的四肢動作來判斷其心理活動，因為相比於面部的表情，人的身體語言更不容易作假，如表 6-1 所示。

表 6-1　四肢變化與談判心理分析表

分類	身體語言	心理含義
上肢動作	雙臂交叉於胸前	說明對方較為保守或表示防衛
	握拳	說明對方情緒緊張或向你發出挑戰
	十指交叉	說明他並不贊同和認可你的想法或做法
	兩手成尖塔狀	往往表明對方充滿信心
	雙手交叉於胸腹部	對方比較謙遜、矜持或不安
下肢動作	並腿	說明對方對你很謙恭、尊敬，可能有求於你
	分腿	說明他自覺交易地位優越，對談判充滿信心
	抖腿	說明對方緊張、焦躁不安，或無可奈
	蹺二郎腿	相對而坐時，對方蹺起二郎腿，說明此人較為拘謹、欠靈活，且自覺處於很低的交易地位並排而坐，對方蹺「二郎腿」，並上身向前向你傾斜，說明此人有合作意向

3.從對方的動作分析其談判心理

其實，最能體現人的心理的，是人在不經意間的小動作。因為小動作沒有經過設計，往往供應商自己都沒有意識到自己有這類小動作，雖然「知人知面不知心」，在談判過程中，瞭解供應商的心理是很難的，但我們可以透過觀察對方的小動作來識別其心理。

一般談判中常見的小動作有以下幾種：

表 6-2　動作與談判心理分析表

小動作	談判心理分析
轉筆	這說明對方思路卡殼，而「轉筆」是他希望思維能快速地被手指的動作帶動起來
摸鼻子	對方頻繁地摸鼻子，說明他很可能在佈置一個陷阱，他在努力地隱瞞自己的真實意圖
拉鬆領帶或脫去外套	對方以「太熱」為由脫去外套、拉鬆領帶，說明其已失去耐心，準備以某種程度的讓步促使協定的達成。外套的意義相當於一層心理鎧甲，而領帶扼緊咽喉，相當於保護自己的要害不被對方攻擊
吸煙	愛咬煙頭，或用唾液潤濕嘴唇，讓煙捲叼在嘴唇上，是「回歸心理」或不成熟的幼兒心理的反映 沒抽幾口就把煙掐掉，表明對方想儘快結束談話或已下決心要幹某一件事情，或者正是火氣衝天之時 不停地磕打煙斗，甚至吸一口磕一次煙灰，表明內心有衝突，憂慮不安 向上吐煙者，多是積極、自信、驕傲、有主見、地位優越的表現，朝下吐煙則多是情緒消極、意氣消沉、心有疑慮、信心不足或企圖遮掩某件事情的表現 煙將吸盡而猶依依不捨，說明此人很注意節儉或是很小氣；口中噴煙，使煙浮動而以為樂者，一定是個不喜歡多動的人

　　分析供應商談判心理的方法，不止這些，採購人員無需拘泥，只要多積累經驗，積極摸索，則瞭解供應商深藏於背後的實質意圖並非不可能。只要在談判中能有效識別對手的攻心術，就可以避免掉入他們設置的談判陷阱，並作出正確的談判決策。

　　下面六種類型，是供應商的心理特徵及談判禁忌：

⑴倔強固執的供應商

心理表現：固執到底，拘泥於形式，不想多聽聽別人的意見。

談判禁忌：毫不顧忌地駁斥他的觀點，企圖壓服他。

⑵以自我為中心的供應商

心理表現：有優越感，並且尋求自我滿足。

談判禁忌：不尊重他。

⑶言行不一的供應商

心理表現：不想樹敵，言行不一致。

談判禁忌：輕信他們的熱心，缺乏熱情。

⑷不願見面的供應離

心理表現：不想和你有任何瓜葛，所以沒必要見面。

談判禁忌：態度生硬或過分熱情，沒有足夠的信心。

⑸不懂裝懂的供應商

心理表現：裝出一副無所不知的樣子。

談判禁忌：有問必答、拿道理和他辯論，一較高低。

⑹初來乍到的供應商

心理表現：沒自信，想逃避，希望給予照顧。

談判禁忌：強與之接觸，因對手的態度而畏懼。

研究供應商的談判心理，一方面有助於培養我們自身良好的素

質,恰當地表達和掩飾我方心理,另一方面有助於我們揣摩談判對手心理,實施心理誘導。

我們既可以針對其不同的心理狀況採用不同的策略,可以進行有針對性的談判準備並採取相應的對策,把握談判的主動權,使談判向有利於我方的方向轉化,甚至根據對手的需要進行心理的誘導,激發其對某一事物的興趣,促成採購談判的成功。

二、如何識別對方的談判手段

在談判的過程中,談判雙方為了取得談判勝利,往往會制訂一些談判策略和戰術,但有些談判人員基於對最大限度利益的爭奪,在談判中會使用一些不當的談判手段。

採購談判當中亦是如此,供應商同樣會運用獨特的談判策供應商常用的談判手段有幾種,我們又該如何才能識破供應商的這種手段?

採購談判中,不僅我方會使用聲東擊西的談判手段,供應商同樣也會使用。為讓我們忽略談判的真正主題,供應商通常會運用「聲東擊西」的談判手段。

我們急需從某供應商那裏購進一批貨物,對方也表示非常願意將這批貨賣給我們。但談判過程中,對方卻說交期要推遲。關於這一點,對方很清楚我方急需這批貨物。交期一旦推遲,將會對我方造成嚴重的影響和損失。

在這種情況下,我方就需要使用一些談判技巧。當談判再次開始,我方堅持認為購進這批貨物 20 萬元足矣,而且要求供

應商必須準時交貨。對此,對方仍表示無法按時交貨。在談判即將陷入僵局的時候,情況突然有了改變。對方突然說:「這樣吧,我跟相關部門聯繫一下,看看有沒有別的辦法儘早交貨。」

10 分鐘後,對方回到談判桌上,他說:「辦法是有的,可以將鐵路運輸改為空運,不過要多花很多錢。所以我們希望貴公司可以自行負擔空運的費用。」

由例子可以看出,在對方沒有表態之前,一切都只是我們自己的想像。開始的時候,我們本來滿懷希望,以為能做成這筆生意,可是對方突然來一個回馬槍,提出讓我方自行承擔費用的條件。

對方就是在使用「聲東擊西」的談判手段。如果空運費用是我方唯一的困擾,已方就要針對這個問題來解決。例如,我方也提出一個條件:關於空運的費用,我們需要回去商量之後再作決定,但前提條件是你們需要提前一個星期交貨。所以,正確的做法是不立刻就答應對方提出的條件,要伺機拆穿對方。

我們應該清楚,從談判一開始,對方就希望我們來承擔這筆費用,並且故意開出條件來轉移我們的焦點。對方看起來像是在幫我們的忙,但其實是另有目的。

這時候我們就要問自己,當這個麻煩出現的時候,這是唯一困擾我們的地方嗎?並且問對方這是唯一困擾他們的地方嗎?如果是,我們就針對這一問題進行解決。我們要澄清對方這種反對的意見,並且運用黑臉白臉的技巧進行應付,即一個扮演好人,一個扮演壞人。

當對方走開的時候,我們也可以走開,然後再帶另外一個人來,我們可以說:「對不起,所有人都知道不能這樣,合約上也沒

有這樣的規範，我們很期待與貴方合作，但是如果你們堅持用這種方法的話，我覺得太不厚道。」稍微拆穿一下對方的情況，並接著跟他說，「在我的權限之內，我不能答應這件事情。因為這是很大的一筆費用，所以我得回去請示我的上級，再決定怎麼辦比較好。關於你們提出的條件，我們可以做進一步的考慮，但前提是你們必須提前一個星期交貨。」

既然已經知道對方的目的是不想承擔運費，我們就可以回過頭來說我們可以考慮承擔費用，但你們必須提前一個星期交貨。把對方的問題提出來，給他一個解決的方案。我們做到了，那對方就沒有理由再來跟我們要求其他的利益。

三、如何應付談判對方的威脅

在日常生活中，經常會見過或親歷過這樣的情境：「你再和別人打架，以後就不讓你出去玩了！」「以後再犯同樣的錯誤，你就該考慮離開公司了！」「以後你再無理取鬧，我就跟你分手！」這些都屬於威脅的手段。

在採購談判中同樣也是如此。當我們與供應商進行談判的時候，對方總是會採用威脅的手段，迫使我方作出讓步。那麼，我們應該採取那些技巧來應付供應商的威脅？

1.「假裝糊塗」法

供應商實施威脅的主要目的是給我方造成壓力，迫使我們作出讓步。如果我們採用「假裝糊塗」法，裝出一副很無知的樣子，讓供應商感覺到我們根本不知道這種威脅存在，並且不會給我方造成

任何壓力。這時，如果供應商認為自己的目的沒有達到，就可能會取消威脅。

2.「曉以利害」法

「曉以利害」法即我們向供應商說明其威脅根本無法對我們造成任何壞的影響，相反，如果對方實施威脅後，只會得不償失。我們要讓供應商明白，不能為了眼前利益而放棄長遠利益。這樣，不僅可以使供應商更清楚自己威脅的利弊得失，而且還可以增加其心理壓力。

3.「逆流而上」法

所謂「逆流而上」法，就是面對供應商的威脅，我們仍然告訴對方自己將會義無反顧地按原來的方案行事，絕不會作出任何讓步。供應商則因為我們的強硬態度而收回威脅。採取此種方法時，要注意以下幾點：

- ·學會全面分析利益得失，從而讓供應商明白我們早已準備好接受一切後果。
- ·要事先制定好談判策略，以應付供應商實施威脅後可能出現的各種情況。
- ·要向供應商反覆表明我方的強硬姿態，並適當透露我方已針對威脅所做的各種安排。
- ·面對供應商威脅的同時，還要向對方曉以利害，告訴對方威脅給其造成的壓力。

4.「既成事實」法

「既成事實」法就是在談判的過程中，當供應商採取威脅的手段迫使我方作出讓步時，我們就可以設計一個沒有替代方案、供應

商只能妥協的策略,並告訴對方,有些事情已經做完或者已有很大進展,從而使其別無選擇,只能接受。我們可以採用的做法有以下幾點:

- 我們可以付給供應商一張金額比帳單少的支票,如果相差數額不是很大,對方為了避免過多的糾纏與麻煩,就會聽之任之。

- 我們可以先要求供應商根據其所期望的訂單開工生產,我方然後再把訂單扣下。供應商一旦完成生產,其產品便會積壓。因為並無書面合約,我們不用承擔違約的法律責任。這時,產品積壓的既成事實就會使供應商處於十分不利的地位。在此情況下,我們就可以向對方提出重新談判的要求,使供應商以最低的價格與我方成交。

「既成事實」法在談判中常常表現出談判人員的出爾反爾、不守信用。作為策略本身無可厚非,但這是不符合道德準則的。所以,「既成事實」的談判策略僅僅適用於產生潛在威脅的情況下。

5.「向對方上級告狀」法

如果對方的談判人員採用威脅的手段給我方施加壓力,我們就可以向其最高主管部門抗議。因為這種威脅會對供應商自身利益造成一定的傷害,其上級一般都不喜歡自己的下屬在談判中採取威脅手段。所以,我們以這種傷害為依據,來說服其高層管理者放棄威脅,效果是很直觀的。

四、如何使用「強硬」的談判技巧

　　所謂強硬的談判技巧，是指在談判過程中，談判的一方視談判對手為勁敵，認為談判是一場雙方意志力的競賽，其談判立場比較堅定。採用強硬談判技巧的一方在一開始可能寸步不讓，態度強硬，到了最後時刻一次讓步到位，促成交易。

　　2016 年，工廠的廠長正在與美國俄亥俄州某公司總裁特倫斯‧多伊爾以及該公司國際部經理賴爾進行一場緊張激烈的談判。

　　美方要求工廠的所有產品都要經過他們公司出口，不准私自銷往其他國家。工廠當然不同意，因為這意味著自己要放棄許多機會。雙方因此僵持不下。

　　這家美國公司自以為實力雄厚，勝券在握。很快，賴爾拋出了「撒手鐧」：「我希望廠長先生還是簽訂這個協定為好，否則，我方將削減貴廠產品的出口數量，這對貴方帶來的損失是巨大的。」

　　總裁特倫斯‧多伊爾也慢條斯理地說：「尊敬的先生，您會看到，我們與貴廠有兩種關係。第一種是，我們提供技術、資金、先進設備、市場情報，代貴方培訓工程師，但條件是貴廠的產品只能由我們獨家經營；第二種是，你們可以把產品出口給其他客戶，我們也可以不買工廠的產品，而轉向購買印度、巴西、台灣、韓國地區的產品。您喜歡選擇那一種？」

　　美方的軟硬兼施，早已料到。他沉著冷靜地說：「按照國際

貿易慣例,我廠和貴公司之間只是單純的買方與賣方的關係,我們願意把產品賣給誰就賣給誰,貴方無權干涉,我們的關係應該是相互合作、共同發展。我再次重申:不同意簽訂獨家經銷協議!」

談判桌上的空氣似乎凝固了。特倫斯·多伊爾猛地站起身,收拾皮包:「這樣的話,我們只能放棄進口貴廠的產品!」隨行的外貿人員紛紛頻頻暗示,但工廠並不理睬。他有禮貌地說:「隨時歡迎貴公司代表回來繼續合作。」

在這一年裏,工廠開發了六十多個新品種,打開了日本、義大利、澳大利亞、聯邦德國、馬來西亞等國際市場,一批批外商紛紛找上門來。1987 年,工廠打破了美方的壟斷,產品出口到 8 個國家和地區。在下半年上海舉辦的國際汽車展覽會上,美商竟然將該廠產品作為本國名牌產品來展銷。

這年的耶誕節前夜,特倫斯·多伊爾和賴爾帶著禮品來向表示歉意。此後,雙方的合作揭開了嶄新的一頁。

採用強硬的談判技巧,常常是由於談判雙方之間的不信任、不配合引起的。在採購談判過程中,當供應商採用不當的談判手段時,如果我們無法對其進行再次退讓,則運用強硬的談判技巧就很有必要。

強硬談判技巧的缺點:由於在開始階段一再堅持寸步不讓的策略,所以可能導致談判的失敗。它具有較大的風險性,也會給對方造成沒有誠意的印象。因此,這種策略適用於在談判中佔有優勢的一方。

強硬談判技巧的優點:在對方缺乏足夠耐心的情況下,如果一

方在開始階段堅持不讓步，向對方傳遞我方的堅定信念，就可能使我方在談判中獲得較大的利益。在堅持一段時間後，一次性讓出自己的全部可讓利益，對方會有「來之不易」的獲勝感，並不失時機地與我方握手成交。

「強硬」談判技巧的使用方法，有以下 3 種：

方法 1. 確定談判基調

在討價還價階段，如果供應商對我們採用威脅的手段，並且根本沒有提到平等交換，那麼，我們就可以考慮以其人之道，還治其人之身，採取強硬的談判技巧，確定自己的談判基調。

對我們來說，在適當的時候取得談判的控制權是非常重要的。如果我們從一開始就表現得很軟弱，而供應商卻一直採取強硬的談判態度，那麼我們就需要及時地改變策略了，千萬別被對方的陣勢所嚇倒。

方法 2. 要儘量少說話

當我們採用強硬的談判技巧時應儘量少說話。在談判中說話越多的一方就越容易處於劣勢，因為言多必失。

一旦我們決定採取強硬策略，就一定要堅定這個信念，不要再過多地解釋原因，否則便會給供應商提供可乘之機，導致談判失敗。我們應該保持沉默，讓對方完成所有的語言工作。這需要有足夠的勇氣，但是它絕對是一個非常有效的技巧。

方法 3. 絕不輕易讓步

在討價還價的過程中，我們經常會遇到很不靠譜的供應商。例如，對方獅子大開口，報價極高，完全超出了我們可以承受的價格範圍，根本無法成交。遇到這種情況時，最好的做法是絕不輕易讓

步,除非對方願意拿某方面的利益進行交換。

這就是說,我們不要先於對方作出讓步,而要想辦法誘使對方讓步。當對方要求我們讓步時,我們一定要考慮再三,每讓一步,都要進行激烈的討價還價,這會使其慾望自覺地收斂一些。

如果我們不想順從供應商的要求,不願意作任何讓步,就應該清楚地表明我方的態度。否則,對方將會利用我們的不確定步步緊逼,繼續提出他們的要求。

當談判對手態度強硬時,我們切不可輕易讓步,而且態度要比對方更加強硬,直到雙方都能心平氣和地重新展開談判為止。否則,輕易作出的讓步會給自己造成更大的被動。

另外,採用強硬談判技巧的前提是,我們必須要對自己的實力以及承擔的風險有足夠的認識,並給談判對手留一條後路。

五、採購談判的「聲東擊西」策略

如果你有靈活的頭腦,那麼聲東擊西的談判策略就是你可以運用的一個有效的談判策略。事實上,真真假假、虛虛實實常常是談判高手喜歡營造的氣氛,而最終,他們總是以靈活機智的行動擊中談判對手的要害。

「聲東擊西」談判策略,被廣泛地運用於各類不同的談判之中。所謂「聲東擊西」就是指我方為達到某種目的和需要,轉移對方對我方真實意圖的注意力,而以某種假定的目標作為迷惑對方的誘餌,使其作出錯誤的判斷。

將「聲東擊西」策略用於採購談判上,就是採購人員在談判桌

上變換目標，在無關緊要的問題上糾纏不休，借助轉移供應商注意力的手法，達到談判的目的。這種策略常令對方顧此失彼，防不勝防。如果我們能夠運用嫺熟，它將會成為影響談判的積極因素，而且不必負擔任何風險。

約翰一行應邀從美國來東京，他們將就本公司需要購進的一批原料同日商洽談。

談判開始了，日商見約翰不到 30 歲，頗為輕視，於是獅子大開口，每噸報價高達 1.5 萬美元。但幾次談判下來，日商發現年輕的約翰竟是一個談判高手，他還價每噸 1 萬美元，半點也不肯讓步。無論日商怎樣說服，約翰還是堅持原來的價格。日商怎麼也沒想到對方竟然如此棘手。

日商決定中止談判，採用拖延戰術。歸期快到了，約翰雖然很著急，但看上去若無其事。他有把握認定，日商必定簽訂協議，因為日商現在急需大量資金用來週轉。

在最後一天的談判中，日商還是不肯讓步。約翰最後裝出很遺憾的樣子說：「很抱歉，這批貨我們不打算要了，明天我們將飛往上海，那裏有我們所要的原料，而且價格很合適。先生們，明天機場見！」說完，約翰就回到下榻的旅館。晚飯後，日商終於沉不住氣，打電話來要求再談一次。最後，日商不得不以每噸 1 萬美元的價格簽訂了售貨合約。

實際上，並沒有約翰所要的原料，只不過是利用「聲東擊西」的談判策略，探測對方虛實，抓住其弱點，讓日商作出了錯誤的判斷，最終達到自己以每噸 1 萬美元購進原料的真實目的。

　　「聲東擊西」的策略具有很強的靈活性。我們既不要過分退讓和屈從，也不要表現得非常急切，而要採取一種半冷半熱、似緊不緊的做法，使對手摸不到我方的真實意圖何在。

　　「聲東擊西」策略的運用方式，如下：

・作為一種障眼法，轉移對方的視線，隱蔽我方真實意圖。

・說東道西，分散對方的注意力，或者使對方在判斷上失誤，為以後若干議題，事先掃平道路。

・誘使對方在我方無關緊要的問題上進行糾纏，使我們能抽出時間針對有關問題迅速制定新的對策。

・為投其所好，故意在我方認為是次要的問題上花費較多的時間和精力，使我方在這個問題上一旦作出讓步，對方會感到很有價值。

　　我們需要注意的是，我們所採用的「聲東擊西」策略本身要有「聲東」的條件和理由，選擇的「東」應為供應商關注的問題，否則，對方不會理我們。

　　「聲東」要逼真，「擊西」也要自然，並要掌握好「擊西」的時機。只要這樣，才不會引起對方的懷疑。

　　採購人員在進行談判時，適當地採用「聲東擊西」策略，明明很想要，卻要故作輕鬆隨意，讓對方去思考一下，不僅可以讓對方在沒有壓力的情況下，心悅誠服地跟我們達成協議，而且我們還可以從中贏得更多的利益空間，節約更多的成本。

　　由於這是一種較為常見的策略，因此也常常被人識破。反擊「聲東擊西」的對策是在準確把握了對方心理的基礎上，克服急於求成的情緒，寧去勿從，對方就會調整策略。

另外，我們還可以直接指明對方的需求所在，要求他回到坦誠談判的基礎上來。

六、採購談判的「投石問路」策略

所謂的「投石問路」策略，指在談判的過程中，談判者為了摸清對方的虛實而有意提出一些假設條件，透過對方的反應和回答，抓住有利時機達成交易的策略。

採購談判時，當供應商要價後，我們可以不馬上還價，而是在圍繞假設條件下的商品售價，提出種種問題，在供應商的回答中搜集可能出現的機會，為還價作準備。例如，我們可以提出這樣一些問題。

- 如果我們的訂貨數量加倍，能便宜多少？
- 我們和你簽訂兩年的訂貨合約是什麼價格？
- 如果我購買你其他系列的產品，能否價格上再優惠些？
- 假設我們買下你的全部存貨，報價又是多少？
- 貨物運輸我們自己解決，你的價格最低多少？
- 我們在淡季訂貨，價格上會有一定的優惠嗎？
- 假如我們以現金支付或分期付款呢？

這種「投石問路」策略通常運用於賣方報價後，買方並不馬上還價，而是提出一個要求賣方降價的假設條件，在賣方的回答中判斷賣方在價格上的迴旋餘地。我們所提出的每一個問題，都好像投出一塊石頭，落地有聲。

某百貨公司想從一家大型的製鞋廠購進一批新款鞋子，但

百貨公司對該製鞋廠的生產成本、生產能力、最低價格等情況都不瞭解。如果直接問廠方,得到的答覆肯定是較高的報價和一大堆關於生產成本和能力方面的虛假數據。

於是,百貨公司的採購員來到工廠,並不說明自己要購買的數量和價格,而是要求廠方分別就 100 雙、500 雙、1000 雙鞋進行估價。廠方不知道對方要購買的數量,只好如實按「多購從優」的原則,分別按買方要求的批量估價。

採購員拿到標價單後,透過仔細分析,較為準確地估算出該廠的生產成本、生產能力以及價格策略等情況,從而掌握了談判的主動權,以理想的價格購到 5000 雙鞋。

百貨公司的採購員在不瞭解製鞋廠的情況下,並不向對方說明自己要購買鞋子的數量和價格,而是運用「投石問路」的談判策略掌握了對方的信息和資料,從而以優惠的價格購進 5000 雙鞋子。

當供應商作出回答之後,我們就可以從中獲取有關的信息資料,進而分析研究出供應商產品的生產成本、生產能力、產品的價格政策。最後,我們就能夠以較低的費用從供應商那裏獲得我方所需的產品。

運用「投石問路」策略時,我們應給予供應商足夠的時間並設法引導對方作盡可能詳細的正面回答。

如果我們所提問題能夠使對方接受,那麼這個問題就是一個恰當的問題,反之就是一個不恰當的問題。例如,談判的過程中,採購人員與供應商在產品價格的問題上激烈爭辯。供應商對採購人員說:「我們給出的價格已經最低了,如果你們覺得價格不合適,我們就把貨賣給其他客戶。」採購人員反駁道:「你們為什麼要終止

談判？如果你們現在退出談判，重新尋找買家，後果會很嚴重，你們明白嗎？」這裏採購人員提出「你們為什麼要終止談判」就是一個不恰當的問題。這樣，供應商不管如何回答，都得承認自己要退出談判。這就是強人所難，談判自然不歡而散。

在採購談判中，提問題時要有針對性，要考慮能否把問題的解決引導到交易成功這一方向上去，並給予對方足夠的時間使其進行盡可能詳細的正面回答。為此，採購人員必須根據供應商的心理活動、運用各種不同的方式提出問題。例如，當供應商不感興趣或猶豫不決時，採購人員要問一些引導性問題：「你還有其他系列的產品要賣嗎？」「你這批貨想要以多少錢出售？」「你對我們提出的計劃有什麼看法？」提出這些引導性問題後，我們可根據對方的回答找出一些理由來說服對方，促使買賣成交。

除此之外，在提問的過程中，我們要儘量避免暴露我方的真實意圖，不要與對方爭辯，也不必陳述我方的觀點。

七、採購談判的拒絕方法

在採購談判中，我們若適當作出讓步，既說明自己答應了供應商的某種要求，同時也意味著拒絕了對方更多的要求。例如，供應商報價 800 萬元，我們報價 400 萬元，當我們讓步到 500 萬元時，也就意味著我們拒絕了對方的 800 萬元。

採購談判中，我們拒絕供應商並不是宣佈談判破裂，而是否定了對方的進一步要求，蘊涵著對以前報價或讓步的承諾。雖然我們拒絕了某些東西，卻給供應商留有在其他方面討價還價的可能性。

所以,我們不能用生硬的態度回絕對方,而要選擇恰當的語言、方式和時機。

1. 理由拒絕法

企業想從某國進口 50 萬伏超高壓變電設備。由於是一對一的談判,無法「貨比三家」,所以這給我方的談判帶來了很大的困難。為此,我方談判代表從其他國家購買同類設備的價格、到對方生產此類設備的成本,從對方多年來物價指數及匯率的變化、到他們出口到其他國家此類設備的各種價格,查閱了大量的數據。

經過幾個月艱苦的準備,信心十足地去與對方正式談判。在談判過程中,對方代表過高的報價令王秉正無法接受。他告訴對方:「太高了,應該減去一半!」「為什麼?」對方質問。拿出手裏掌握的大量資料,回答道:「因為貴國賣給某國的同類設備,還不到你們此次報價的一半!」

經過兩個多月艱苦的談判,對方終於同意以合理的價格與我方簽約,前後降價達 500 萬美元!

為了贏得這場一對一的談判,先生不惜花費幾個月的時間,搜集了大量資料,找出了充足的理由,為談判的成功打下了堅實的基礎。由此可以看出,要拒絕供應商的虛高報價,讓對方心服口服,我們就需要有充足的理由。

2. 條件拒絕法

在採購談判的過程中,如果我們直接拒絕供應商提出的要求,必然會惡化雙方的關係。所以,我們可以採用條件法,即在拒絕對方之前,先要求供應商滿足我方的條件。如果對方能夠答應我們的

條件，我們就可以滿足其要求；如果對方不能答應，那我們也無法作出任何讓步。

條件法是一種留有餘地的拒絕對方。既可以合理地拒絕供應商，又可以不讓對方抓住話柄，這就是條件法的威力所在。

3. 幽默拒絕法

在談判中，我們有時會遇到無法正面拒絕對方，或者對方堅決不肯讓步的情況，這時，我們就可以採用幽默拒絕法。即在大前提下，全盤接受對方的要求，然後根據對方的條件推出一些荒謬的、不現實的結論，從而使其自己加以否定。這種拒絕法，往往能產生幽默的效果。

蘇聯與挪威曾經就購買挪威鯡魚進行了長時間的談判。在談判中，深知談判訣竅的挪威人，開價高得出奇。前蘇聯的談判代表與挪威人進行了艱苦的討價還價，挪威人就是堅持不讓步。談判進行了一輪又一輪，代表換了一個又一個，還是沒有結果。

最後，前蘇聯政府派柯倫泰為全權談判代表。柯倫泰面對挪威人報出的高價，針鋒相對地還了一個極低的價格，談判像以往一樣陷入僵局。挪威人並不在乎僵局。因為不管怎樣，蘇聯人要吃鯡魚，就得找他們買，是「姜太公釣魚，願者上鉤」。而柯倫泰是拖不起也讓不起，而且還非成功不可。情急之餘，柯倫泰使用了幽默法來拒絕挪威人。

她對挪威人說：「好吧！我同意你們提出的價格。如果我的政府不同意這個價格，我願意用自己的薪資來支付差額。但是，這自然要分期付款，可能要分成 200 年才夠。」對方在忍不住

一笑之餘,最終同意將緋魚的價格降到一定標準。

　　柯倫泰在面對談判僵局的時候,並沒有馬上作出讓步,而是運用幽默方式接受,其實是拒絕了挪威人。如果我們無法滿足對方提出的不合理要求,在輕鬆詼諧的話語中加以否定或講述一個精彩的故事讓對方聽出弦外之音,就既避免了對方的難堪,又轉移了對方被拒絕的不快。

4.移花接木拒絕法

　　在談判中,如果供應商的報價太高,我們無法滿足對方的條件時,就可採用移花接木的拒絕法,委婉地設計雙方無法跨越的障礙,既表達了自己拒絕的理由,又能得到對方的諒解。

　　我們與供應商談判的最終目的不是為了拒絕,而是為了獲利,或者避免損失。在很多採購談判中,很多採購人員被感情所支配,寧可拒絕也不願妥協、寧可失敗也不願成功的情況屢見不鮮。

　　有的採購人員在面對熟人時,該拒絕時總是不好意思拒絕,怕對方沒有吾子。其實,如果我們不拒絕對方,又無法兌現,這就意味著我們失信於對方,最後,真正沒有面子的是我們自己。

5.藉口拒絕法

　　在採購談判中,當我們遇到的供應商是背景雄厚、曾經有恩於我方、非常要好的朋友或者來往密切的親戚時,我們簡單地拒絕對方的要求很可能會遭到報復性打擊,或者背上忘恩負義的惡名。對付這類對象,最好的辦法是善用藉口法來拒絕他們。

　　採購談判中,討價還價是必然的,有時供應商提出的要求或觀點與我方相差太遠,這就需要我們學會拒絕對方。但若我們拒絕的方式過於死板、武斷甚至粗魯,不僅會傷害供應商,而且會使談判

破裂。高明的拒絕應是審時度勢，隨機應變，有理有節，讓雙方都有迴旋的餘地。

八、強勢談判法則：最後通牒

如果你處在絕對優勢的地位，或者你的條件是對方有絕對的吸引力，那麼你可以嘗試著運用最後通牒策略，記住：這是強者的方式！

有很多談判尤其是較複雜的談判都是在談判期限即將截止前達成協議的。談判若設定期限，那麼除非期限將至，否則談判者是不會感到有什麼壓力的。

「不見棺材不掉淚」就是這個道理，人平常都不怕死，雖明知每一個人終將難逃一死，但總覺那還是「遙遙無期」的事。然而，若有一天，醫生突然宣佈，你只有一個月好活了，這樣的打擊，誰可以忍受呢？

在談判的展開階段，可以採用威嚇對方、拉攏對方的方式來創造權勢籌碼。例如可以對對方說「假如貴公司一直堅持，我方將退出談判」，這種方法能夠讓對方產生對談判破裂的恐懼心理；還可以設法拉攏對方，例如告訴對方「我是貴方總經理的同鄉」，這也是一種權勢運用。當談判的期限愈接近，雙方的不安與焦慮感便會日益擴大，而這種不安與焦慮，在談判終止的那一天，那一時刻，將會達到頂點——這也正是運用談判技巧的最佳時機。

要注意的一點是，談判者一定要言而有信，一定要讓對方相信真的是「最後一次」，否則該策略就會失敗，最後造成被動局面。

一般在什麼情況下可以採用這種最後通牒的策略：

· 對方對我方產品的需求強度大於我方對對方產品的需求強度。如果我方佔據著絕對的主動地位，那麼最後通牒就是最好的策略。

· 談判者已試用其他辦法，均沒有取得理想的效果。這個時候最後通牒是沒有辦法的辦法，是破釜沉舟、背水一戰的思路。

· 確實已把條件降到了最低限度。如果不可能再讓步，那麼最後通牒就是可以考慮的選擇。

· 糾纏於細枝末節的時候。談判雙方花了很大的力氣，也投入了很多的人力、物力、精神等各種資源，所有重要的事情基本都定下來了，但在有些枝節問題上糾纏起來了，並且因為各種原因無法打開這一死結。

實施最後通牒策略也要講究技巧，這樣可以運用得更到位，主要有幾個方面：

態度要強硬，語言要明確，應講清楚正、反兩方面的利害；

最好由談判隊伍中身份最高的人來表述，發出最後通牒的人身份越高，其真實性就越強；

用談判桌外的行動來配合你的最後通牒，如預定回程車、船、·機票等，向對方表明最後通牒的決心；

必須事先同自己的上級通氣，使他明白你為何實施，究竟是出於不得已，還是作為一種談判技巧，以防自己上級不明情況而使策略遭到破壞。

第 **7** 章

採購談判的化解僵局

　　與供應商談判，經常會遇到各種各樣的問題，使談判無法繼續進行。如果不能很好地解決這些問題，將無法縮短與供應商之間的距離，談判可能陷入僵局，最終會直接影響採購談判工作的進展。

　　談判中的僵局，是指在談判過程中，談判雙方因暫時矛盾而形成的對峙。在與供應商談判時，我們經常會遇到各種各樣的問題，使談判無法繼續進行，諸如相互猜疑、意見分歧、激烈爭論等，這在雙方爭取利益的較量中很常見。如果不能很好地解決這些問題，將無法縮短與供應商之間的距離，談判就可能陷入僵局，最終會直接影響採購談判工作的進展。

一、陷入談判僵局的原因

　　想要正確地處理談判中的僵局，首先要瞭解和分析導致談判陷

入僵局的原因,從而進一步採取相應的技巧處理僵局。導致談判陷入僵局的原因主要如下:

(1)雙方立場上的爭執

在討價還價的談判過程中,如果雙方對某一問題各持自己的看法和主張,並且誰也不願意作出讓步時,往往就容易產生分歧。談判雙方如果過於關注我方的立場,就不能注重協調彼此之間的利益,無法達成協議,從而產生僵局。

所以,糾纏於立場型爭執是低效率的談判方式,而且還會直接損害雙方的感情,我們可能會為此付出巨大代價。

在商務談判常會面對談判到一定階段,雙方都會有這麼一種感覺,似乎已經退到不能再退的地步了,談判要麼就是破裂,要麼只能妥協,否則似乎已無法進行下去了。這就是人們通常所說的「談判陷僵局」。

僵局的形成,主要是由於談判雙方的期望或對某一問題的立場和觀點相差甚遠,各自又不願再作進一步的讓步。發生這種情況後,必須迅速作出處理,否則局面形成了定局,那就真的難以挽回了。

(2)雙方的利益衝突

利益衝突是指談判雙方都堅持自己的條件和利益,絲毫不肯作出任何妥協和退讓。

在談判桌上,可供談判雙方分割的利益是有限的,一方獲得的利益多,另一方獲得的利益自然就少。所以在採購談判中討價還價,雙方有利益衝突很正常。在僵局發生時,一般會有兩種情況發生,一種是雙方平分共同利益,另一種彼此互不讓步。

　　若要避免僵局產生，則要有兩個必要條件：一是以雙方都接受的合理條件瓜分共同利益；二是談判的個體利益最大化與共同利益最大化目標不相衝突。

(3)信息溝通的障礙

　　信息溝通的障礙，就是談判雙方在交流彼此情況、觀點等過程中，可能遇到的理解方面的障礙。尤其是在復雜的國際談判中，經常會發生這樣的事情。主要表現為以下方面：雙方文化背景差異所造成的溝通障礙；由於職業或受教育程度等造成的一方不能理解另一方的溝通障礙；由於心理原因造成的一方不願接受另一方意見的溝通障礙等。這些都可能使談判在討價還價中陷入僵局。

　　在談判的過程中，即使完全聽清了另一方的講話內容並予以正確理解，也並不意味著就能夠完全把握對方所要表達的思想內涵。

　　與此同時，在談判團隊都會各自配備翻譯人員，但由於翻譯人員自身專業知識的理解局限，信息在傳遞過程中往往有失真的可能，這也將導致僵局。

(4)談判人員素質較差

　　談判人員素質的高低，對談判進行順利與否起著至關重要的作用。無論是談判人員的作風原因，還是其知識經驗、策略技巧方面的失誤，都可能導致談判陷入僵局。

　　如果談判人員經驗豐富，即使是在談判發生危機之時也能夠熟練地應付。相反，如果談判人員在某些方面功課做得不夠，就會給談判帶來一定的阻礙。

　　例如，使用一些策略時，因時機掌握不好或運用不當，導致談判僵局；或對談判所涉及的專業知識掌握不夠，使談判過程受阻等。

以上是造成談判陷入僵局的四種常見原因。談判實踐中，很多談判人員害怕僵局的出現，擔心由於僵局而導致談判暫停乃至最終破裂。其實大可不必如此。

出現僵局並不可怕，更重要的是要正確地對待和認識它，並且能夠認真分析導致僵局的原因，以便對症下藥，打破僵局，使談判得以順利進行。

二、僵局的處理原則

打破談判僵局，要注意下列原則：

(1)理性思維，避免個人情緒對立

真正的僵局形成後，談判氣氛隨之緊張，雙方不可失去理智，任意衝動，必須明確衝突的實質是雙方利益的矛盾，而不是談判者個人之間的矛盾。要把人與事嚴格區分開來，不可夾雜個人情緒的對立，以致影響談判氣氛。

(2)尊重對方，不傷感情

商業談判就是要努力做到雙方不丟面子，顧全對方的尊重。在商務談判中沒有絕對的勝利者和失敗者，商務談判的結果都是在各有所得、各有所給的條件下共同努力取得的。人皆重面子，因此任何一方，都必須尊重對方的人格，在調整雙方利益取向的前提下，使雙方的基本需求得到滿足，不可讓任何一方下不了台，而造成丟面子、傷感情的局面。

(3)不過分糾結於細節，要著眼於實現利益

僵局的解決，最終表現為雙方各自利益的實現，實際上是實現

了雙方的真正意圖。做不到這一點，你完全不保證對方利益，就會有僵持局面。

　　談判雙方必須遵循這些原則，主動積極地打破僵局，找出關鍵問題、關鍵人物，採取一定的策略，爭取及時得到緩解。

三、處理採購談判僵局的方法

(1)運用休會策略

　　休會策略，是談判人員為緩和談判氣氛，打破僵局而經常採用的一種基本策略。它不僅有助於談判人員恢復體力、調節情緒，而且有助於控制談判過程、緩和談判氣氛、融洽雙方關係。

　　當談判嚴重陷入僵局，雙方處於緊張狀態的時候，如果我們仍然想繼續談判下去，結果往往是徒勞無益，適得其反，比較好的做法就是採取休會，因為雙方都需要暫時冷靜下來，客觀地分析形勢、統一認識、商量對策。

　　借休會，我們應抓緊時間研究我方提出的交易方案和談判策略，以便重開談判後，提出對方可以接受的方案，從而打破僵局。

　　把休會作為一種積極的打破僵局策略加以利用，可達到：

　　①召集談判小組成員，集思廣益，商量具體的解決辦法。

　　②檢查原定的談判策略及戰術，研究並討論可能的讓步。

　　③決定如何應付對手的要求，阻止對方提出尷尬的問題。

　　④進一步對市場形勢進行研究，仔細考慮所爭議的問題。

　　⑤緩解體力不支或情緒緊張，應付談判中出現的新情況。

　　進行短暫的休會後，談判雙方再次回到談判桌上時，談判氣氛

就會煥然一新,雙方會對自己原來的觀點提出修正看法。這時,僵局就容易打破,談判也會繼續順利進行。

⑵更換談判組成員

採購談判中出現的僵局,並非全都是由於談判雙方利益衝突引起的,有時可能是因為我們談判組人員本身的因素所造成的。如果在談判的過程中,雙方的談判人員互相產生成見,在某些問題上發生了爭執,可能是因為有些談判人員不能就事論事。

類似這種由於談判人員的性格、年齡、知識水準、對專業問題缺乏認識等因素造成的僵局,我們可以在徵得談判對手的同意後,及時更換談判人員,緩和談判的氣氛,就可能輕而易舉地打破僵局。

⑶從不同方案中尋找替代

「條條大路通羅馬」用在談判上也是恰如其分的。商務談判過程中,事實上往往存在多種可以滿足雙方利益的方案,但談判人員若簡單地採用某一方案,如果當這種方案不能為雙方同時接受時,僵局就會形成。

在中東的埃及以色列和談中,以色列最初宣佈要佔有西奈半島的某些地方,顯然這種方案是不能為埃及所接受的。當雙方越過對立的立場而去尋找促使堅持這種立場的利益時,往往就能找到既能符合這一方利益,又符合另一方利益的替代性方案,即在西奈半島劃定非軍事區。於是,埃以和約得以簽訂。在取得土地使用權的談判中,雙方原來堅持的立場都是合理的,而當雙方越過所堅持的立場,而去尋找潛在的共同利益時,就能找到許多符合雙方利益的方案,僵局就可以突破。

商務談判不可能總是一帆風順的,雙方磕磕碰碰是很正常的

事，這時，誰能夠創造性地提出可供選擇的方案，誰就能掌握談判的主動權。當然這種替代方案必須既能有效地維護自身的利益，又能兼顧對方的利益要求。不要試圖在談判開始就確定一個唯一最佳方案，因為這往往阻止了許多其他可供選擇的方案的產生。相反，在談判準備期間，就能夠構思出對彼此有利的更多方案，往往會使談判如順水行舟，一旦遇到障礙，只要及時調轉船頭，即能順暢無誤地到達目的地。

(4)利用調節人打破僵局

利用第三者調節人來打破僵局，是指採購談判陷入僵局時，談判的雙方因為爭執不下而請第三者來仲裁調停，從而打破僵局的策略。

在這種情況下，最好找一個雙方都信得過又和任一方都沒有直接關係的第三者作為調節人。調節人必須具有足夠的社會經驗和學識，對所仲裁和解決的問題具有一定的權威性，而且能夠主持公道。公司以外的律師、教授及顧問比較能勝任這方面的工作。調節人可以達到以下的作用：

- ・能夠為談判僵局提出符合實際情況的解決辦法。
- ・可以出面邀請談判雙方繼續進行新一輪的洽談。
- ・有助於啟發談判雙方提出對談判有利的建議。
- ・能沒有任何偏見地傾聽和採納談判雙方的意見。
- ・善於綜合談判雙方觀點，提出合理的解決方案。

作為談判僵局的調節者，調節人的威望越高，越能獲得雙方的信任，緩和雙方的矛盾，達成諒解。

第 *8* 章

企業說服供應商的談判技巧

　　談判作為一種技能，在談判過程中，採購談判人員觀察有利時機、適當運用技巧和適時總結經驗。首先要獲得供應商他們的信任，這樣才能讓接下來的說服工作變得更加順暢。

　　在採購談判中，我方意見能否為對方所接受的關鍵，在於我方是否掌握對方的心理。採購談判人員必須掌握說服對方的原則和技巧，並綜合加以運用，方能收到良好的效果。

　　談判作為一種技能，符合「熟能生巧」的客觀規律。一定程度上，該技能的熟練程度與實踐次數成正比。所以在談判過程中，觀察有利時機、適當運用技巧和適時總結經驗非常重要。

　　當一個人考慮是否接受說服之前，他會先衡量說服者與他的熟悉程度和親善程度，實際上就是對說服者的信任度。談判也是如此，在供應商對我們不夠瞭解的情況下，他們很難接受我們的說服。這就要求我們在說服供應商之前，首先要獲得他們的信任，這

樣才能讓接下來的工作變得更加順暢。

一、採購談判的說服技巧

說服對方，首先必須要分析對方的心理和需要；其次，語言必須親切、富有號召力；最後，要想說服對方必須有充足的耐心，不宜操之過急。

①說服的步驟

談判說服要透過以下三個步驟達成：

步驟 1：拉近距離。並不是有技巧、有事實就可以說服別人。事實上要想說服別人，首先必須要讓對方從心裏接受我方的說服，而這就要求我方與對方建立相互信賴的關係。

步驟 2：分析利害得失。向對方詳細解說他因接納我方的意見而帶來的利益和損失，客觀地說明雙方的合作是因為雙方在某些方面擁有互補的優勢。這一步要耐心、細緻、不厭其煩。

步驟 3：簡化接納手續。雖然有時對方可能會答應，但也不能避免日後變卦的可能，所以應該事先準備一份書面材料從而以儘量少的手續鞏固談判結果

雖然有時對方可能會答應，但也不能避免日後變卦的可能，所以應該事先準備一份書面的東西，從而以儘量少的手續鞏固談判的結果。

②說服的要點

如何說服也是實力的競爭。所以，要想取得勝利，必須明確以下要點，如表 8-1 所示。

表 8-1　說服的要點

序號	要點	原因及操作要求
1	取得對方的信任	人最容易被自己所相信的人所說服，所以如果能取得對方的信任，說服起來一定事半功倍。所以，應設身處地地為對方著想，從對方利益著手
2	借助談判中的共同點	談判專家都是從共同點入手，在增進彼此熟悉的同時，有意識地左右對方的思維，使其按自己的邏輯解決問題，從而達成協定
3	營造恰當的氣氛	一開始就要從氣勢上表明自己所持的觀點對雙方都是非常有利的，讓對方覺得與我方合作是明智的；另外，當在說服過程中發生意外時，切記不可衝動，而是要理智地面對，在友好的氣氛中說服對方
4	把握對方心理	· 談判開始時，要先討論容易解決的問題，然後再討論容易引起爭論的問題 · 如果能把正在爭論的問題和已經解決的問題連成一氣，就較有希望達成協定 · 雙方彼此期望與雙方談判的結果有著密不可分的關係。伺機傳遞信息給對方，影響對方的意見，進而影響談判的結果 · 假如同時有兩個信息要傳給對方，其中一個是較悅人心意的；另外一條則較不合人意，則該先講第一個 · 強調雙方處境的相同要比強調彼此處境的差異更能使對方瞭解和接受 · 與其讓對方做結論，不如先由我方清楚地陳述出來

③說服的注意事項

在說服的過程中要讓對方口服心服並不容易，如下幾點應該引

起注意：

- 處理好與對方的關係說服對方應該建立在雙贏的基礎上，而不是我贏你輸，這樣在以後的合作中會更加愉快。而且，即使合作不成，也會給以後留有餘地。
- 讓對方覺得他的不可替代性在說服過程中，讓對方覺得我方對他的重視是非常必要的。
- 把握時機在對方情緒激動時，不宜強迫對方做出決定；在對方有其在乎的人在場時，也不宜強迫其改變初衷。

二、如何在採購談判中說服對方

當你跟談判對手為了各自的利益僵持不下時，怎麼辦？妥協，那就意味著你在談判中失敗了；堅持，如何堅持？充分運用你的三寸不爛之舌，說服他！

在談判中，很重要的工作就是說服他人，說服常常貫穿於談判的始終。因此，從某種意義上說，談判的過程也就是一個不斷說服對方的過程。

說服，就是設法使他人改變初衷，心悅誠服地接受你的意見。在談判中能否說服對方接受自己的觀點，以及應當怎樣說服對方，從而促成談判的和局，就成了談判成功的一個關鍵。

說服他人首先要使自己的觀點具有說服力，取得他人的信任，站在他人的角度設身處地地談問題，說服用語要推敲。

一天，美國作家馬克‧吐溫走進一家書店，他從書架上取出一本他自己寫的書，問了價，然後對小職員說：「由於是我出

版了這本書,我理應得到 50%的折扣。」

小職員同意了。

「同時,我又是這本書的作者。」馬克‧吐溫說,「我應該得到優惠 50%的折扣。」

小職員點頭屈從。

「還有,我作為這家書店店主的私人朋友。」馬克‧吐溫繼續說,「我相信你一定同意我平時通常能有的 25%的便宜。」

小職員點點頭又同意了。

「那好吧。」馬克‧吐溫一本正經地說,「根據這些文件,我認為我理所當然可以拿走這本書,那麼,稅是多少?」

職員拿起筆,很快算了起來,算罷,結結巴巴地說:「我大概算了算,先生,我們應該給您這本書。除此之外,還欠 37.5%。」

這雖說是個買書笑話,但是卻是典型的得寸進尺,「一點一點啃」。

就這樣,每次趕在對方報價之前提出新的條件,不動聲色地使得店主一再壓價,確實得到了非常划算的價格。同時也給我們以啟發:讓對方逐步讓步的理由是非常廣泛的。

一個談判者,只有掌握高明的說服別人的技巧,才能在變幻莫測的談判過程中,左右逢源,達到自己的目的。同時,這又是一項很難掌握的技巧,因為當你試圖說服對方的時候,同樣也在被對方說服。

1. 使你的觀點更具有說服力

要想在談判桌上說話佔上風,需要比辯論會更多的技巧。總之,不管你用多少論點來支持你的立場,如果對方根本不買你的

賬,那你等於白費唇舌。因此,要永遠從與對方所想的是否相吻合的這個角度,來談你要說的東西,尋找那些能被對方所接受的證明性線索,然後,就盡可能地利用它們。

如有可能,儘量使你的論點有文件作為佐證。什麼東西一旦印到紙上,就更像那麼回事兒了。如果你還能找到第三方的某類證明材料,那就更好了。

帶專家去支持你的立場,這些專家越權威越好。當然,有時你會發現對方也請了專家,來支持他們的立場,或是用以反駁你方的專家。

避免那些過分的大話或無理要求,對方更喜歡關注那些合乎實際的論點。

在對方提出來之前,自己將我方的弱項提出來,然後再用我方的強項來抵消這些弱項。例如,你可以這麼說:「正如貴方所知道的那樣,我方的價格比我方競爭對手的高些,但這是因為我們必須多花一些錢來保證更高的品質。現在請允許我談談我們的品質,就是……」這裏你所做的,等於你在對方有機會提出異議之前就有了防備。這麼做還等於問題將按你方(而不是對方)的條件解決。你能夠主動提出可能對你方不利的問題,還有助於建立對方對你的信賴,這會使你的論點更具有可信性。如果那是由對方先提出來的,情況可就不是這樣了。

如果對方後來想利用你主動提出來的這個弱項來對你進行攻擊,那麼,反擊它時,你可以這麼說:「如果我認為我方的價格偏高是沒有道理的,那我壓根兒就不會提這個問題!」

注意使你的言語與你的行為相一致,避免送出那些容易引起爭

執的語言信息。例如，你不能說:「李先生，我們願意討論這個問題，花多少時間都不在乎。」而你正在做的卻是向掛鐘瞟了一眼，或開始把文件往包裏塞。

同樣，談你自己的想法時不能結結巴巴。例如，你想反駁對方所說的某件事，卻又覺得不能駁得有效果時，那你就把焦點移到別的問題上去。

選擇有利時機，例如，努力使交易在對方情緒好的時候得以做成，而絕不能是在對方用他的鞋子敲桌子的時候。

2. 取得他人的信任

在說服他人的時候，最重要的是要取得對方的信任。只有對方信任你，才會正確地、友好地理解你的觀點和理由。社會心理學家們認為，信任是人際溝通的「篩檢程式」。只有對方信任你，才會理解你友好的動機，否則，如果對方不信任你，即使你說服他的動機是友好的，也會經過「不信任」的「篩檢程式」作用而變成其他的東西。因此說服他人時若能取得他人的信任，是非常重要的。

3. 站在他人的角度設身處地地談問題

要說服對方，就要考慮到對方的觀點或行為存在的客觀理由，即要設身處地地為對方想一想，從而使對方對你產生一種「自己人」的感覺。這樣，對方就會信任你，就會感到你是在為他著想。這樣，說服的效果將會十分明顯。

4. 說服用語要推敲

一般說來，爭辯中佔有明顯優勢的一方，千萬別把話說得過死或過硬，即使對方全錯，也最好以雙關影射之法暗示他，迫使對方認錯道歉，從而體面地結束無益的爭論。

在商務談判中，欲說服對方，用語一定要推敲。事實上，說服他人時，用語的色彩不一樣，說服的效果就會截然不同。通常情況下，在說服他人時要避免用「憤怒」、「怨恨」、「生氣」或「惱怒」這類字眼。即使在表述自己的情緒時，例如像擔心、失意、害怕、憂慮等等，也要在用詞上注意推敲，這樣才會收到良好的效果。

「不過……」是經常被使用的一種說話技巧。有一位著名的電視節目主持人在訪問某位特別來賓時，就巧妙地運用了這種技巧。「我想你一定不喜歡被問及有關私生活的情形，不過……」這個「不過」，等於一種警告，警告特別來賓，「雖然你不喜歡」，「不過我還是要問……」在日常用語中，與「不過」同義的，還有「但是」、「然而」、「雖然如此」等等，以這些轉折詞作為提出質問時的「前導」，會使對方較容易作答，而且又不致引起反感。

「不過……」具有誘導對方回答問題的作用。前面所說的那位主持人，接著便這麼問道：「不過，在電視機前面的觀眾，都熱切地希望能更進一步地瞭解有關你私生活的情形，所以……」被如此一問，特別來賓即使不想回答，也難以拒絕了。

三、用事實說話

採購員透過計算得出合理的價位，實事求是，並把結果拿給供應商看，只有讓供應商看到事實，才會對我們更加信服，而且能簡化我們的說服流程，節約談判時間，取得事半功倍的效果。讓我們先來看一個這方面的案例：

一位採購員在與供應商進行藥品採購談判時把對方開出的

50 萬元的價格直接砍到了 31 萬元。這個價格讓很多人不解，他們不明白為什麼偏偏是 31 萬元，而不是 30 萬元。

最後，採購員揭曉了答案。採購員運用成本管理的方法計算出了直接成本、間接成本與人工費用的總和，又計算出了利潤，他把清單拿給供應商傳看。事實證明這個價格能夠讓採購方接受，又能讓供應方有盈餘。結果，供應方認為這個採購員是個精打細算、誠實可靠的人，於是，爽快地答應以 31 萬元的價格成交。

事實證明，在進行談判時，使用抽象的大道理，可能會引起談判對象的反感。所以，我們無論是提議還是勸告，如果不能引起供應商的共鳴，結果將適得其反。

我們在與供應商打交道的過程中，常常會廻避問題，給出一些模棱兩可的回答。這樣很容易讓他們對我們的誠信度產生質疑。要相信，不論我們怎樣廻避，問題都是存在的。與其遮遮掩掩，不如直面問題。

⑴說服前，要精心設計開頭和結尾，同時要根據談判中出現的具體狀況進行調整。

⑵先談容易解決的問題。如果順利，再把負面的、容易讓對方抵觸的信息擺到桌面上，一定要避免報喜不報憂的狀況。

⑶強調對對方有利的條件、條款，強調互惠互利的可能性、現實性，激發對方在自身利益認同的基礎上，接納我們。

⑷多向對方傳遞信息，必要時可以多次重覆對方的某些信息，這樣可以增進相互之間的瞭解和接納程度。

一定要明確地提出結論，不要讓對方去揣摩或自行下結論。否

則，結果很有可能會背離我們初衷。

　　這種方法其實是一種化整為零、循序漸進的辦法。心理學家認為，人們通常會拒絕或者否定不容易辦到的事情。所以作為採購方，比較高明的辦法是先提出比較小的要求，爭取供應商的意願讓步，然後一點一點地增加。透過這種方法，我們最終將真正達到自己的目的。如此細緻的溝通會讓供應商體會到我們的誠意，被我們的坦誠所打動。

第 **9** 章

說服供應商的語言提問技巧

在回答供應商問題的時候，要善於運用提問的策略與技巧，提問是瞭解對方需要和對其進行摸底探測的重要手段，而且也是作為談判者所必須具備的一種技巧。

一、如何在談判中運用語言技巧

採購談判的過程實質上就是談判雙方運用語言進行協調磋商的過程。在採購談判中，採購人員與供應商的接觸、溝通與合作都是透過語言表達來實現的，語言技巧的運用在談判中都起著十分重要的作用。敘事清晰、論點明確、證據充分的語言表達，能夠有力地說服供應商，取得相互之間的諒解，協調雙方的目標和利益，保證談判的成功。語言技巧在採購談判中的重要性如下：

(1)通向談判成功的橋樑

成功的採購談判太多是採購人員出色運用語言技巧的結果。在談判中，恰當地運用語言技巧，可以使供應商產生濃厚的興趣，否

則，對方就會感到反感。在激烈爭論、氣氛緊張的情況下，婉轉、友好的語言還可以達到緩和氣氛的作用。

⑵表達自己觀點的工具

同樣的觀點，經過不同的語言表達，其達到的效果可能就不一樣。在談判過程中，採購人員要把自己的判斷、推理、論證的思維成果準確地表達出來，必須出色地運用語言技巧。採購人員在闡述問題時，要論點突出，論據充分，邏輯層次清楚，簡明扼要。

⑶說服談判對手的武器

在談判中，雙方常常會為各自的利益爭執不下。誰能說服對方接受自己的觀點，讓對方作出讓步，誰就能夠獲得成功；反之，不會運用語言技巧說服對方，就不能克服談判中的障礙，也就不能取得談判的勝利。

⑷實施談判策略的途徑

談判策略的實施，往往需要採購人員借助於語言技巧，例如「紅臉白臉」中的談判人員，既要態度強硬、寸步不讓，又要以理服人；既要「兇狠」，又要言出有狀，保持良好的形象。需要強調的是，態度強硬並不等於蠻橫無理。

⑸處理談判關係的關鍵

在談判中，除了爭取實現自己的預定目標，努力降低談判成本外，還應重視建立和維護雙方的友好合作關係。當我們用語言技巧表達的要求與雙方的實際努力相一致時，就可以使雙方維持並發展某種良好的人際關係；反之，可能導致雙方關係破裂，使談判陷入僵局。

在採購談判中，雙方的交換條件，包括產品品質、經營信譽、

技術優勢等實質性的因素起著主導作用,但就其外部流程和形態而言,它又是雙方談判人員運用語言傳達觀點、交流意見的過程。因此,在採購談判中,語言技巧運用的成功與否,對談判的進程與結果起著舉足輕重的作用。

採購談判中,我們要透過洽談說服供應商理解並接受我方的觀點,所以語言表述上的準確性就顯得至關重要。如果我們傳遞的信息不準確,那麼供應商就不能正確理解我方的態度,勢必影響談判的順利進行,我們的需要便不能得到滿足。如果我們向對方傳遞了錯誤的信息,而對方又因錯就錯地達成了協定,那麼,就會招致巨大的利益損失。

所以,在談判時,採購員的語言要準確易懂,要注意運用彈性用語,對不同的談判對手應使用不同的語言;發言應切合主題,不要隨便發表與談判主題無關的意見;避免一些不應說的話,應以柔和的語言表達,態度也要謙和。

二、如何在採購談判中運用提問技巧

在談判的過程中,為瞭解對方的真實想法和企圖,我們必須利用各種方法和技巧去探知對方的需求。

有經驗的談判者,總仔細觀察對方的舉止、姿勢、手勢等,恰當地提出問題。這樣不僅能夠引起對方的注意、獲得自己所不知的信息,而且能夠借著提問向對方傳達自己的感受,以及傳遞對方不知道的消息。

提問是瞭解對方需要和對其進行摸底探測的重要手段。恰當的

提問往往能引導談判、駕馭談判的進展。

　　提問在談判中具有極其重要的作用，主要表現在以下兩個方面：我方對對方的談話作出反應，將信息回饋給對方；把我方的意圖告訴對方，希望對方作出相應的反應。

1. 提問的類型

　　採購人員在談判中運用「提問」，要掌握住供應商的心理。

(1)引導性提問

　　引導性提問，是指提問者對答案給予強烈的暗示，使對方的回答符合我方預期的目的。這一類問題幾乎令對手毫無選擇地按提問者所設計的答案作答。

　　「講究商業道德的人是不會胡亂提價的，您覺得呢？」

　　「這樣的報價，對你我都有利，您說是不是？」

　　「已經到期了，對不對？」

(2)封閉式提問

　　封閉式提問，是指在一定範圍內，引出肯定或否定答覆的提問。這一類問題可以使提問者獲得特定資料或確切的回答，答覆者也不需要太多的思考過程和時間。

　　「您是否認為售後服務沒有改進的可能？」

　　「你們給予他公司的折扣為什麼比我們優惠得多？」

　　「我們能否從你們這裏得到最優惠的價格？」

(3)開放式提問

　　開放式提問，是將回答的主動權讓給對方，在廣泛的領域內引出廣泛答覆的一種問句。答覆者可以暢所欲言，提問者也可以得到廣泛的信息。

這類提問通常無法以「是」或「否」等簡單字句答覆，而是促使對方思考，進而發現對方的需求，以證實我方推測的準確。

「請問您對我公司的印象如何？」

「您對當前市場銷售狀況有什麼看法？」

「請問我們什麼時候可以簽定協議？」

(4)證實式提問

證實式提問旨在透過我方的提問，使對方對問題加以證明或理解。這一類問題，不但足以確保談判各方能在述說「同一語言」的基礎上進行溝通，而且可以發掘較充分的信息，並且顯示提問者對對方答覆的重視。

「您說，貴公司對所有的經銷點都一視同仁地按定價給予30％的折扣。請說明一下，為什麼不對銷售量較大的經銷點給予更大折扣作為鼓勵？」

「請問您為什麼要更改原已訂好的計劃？」

「如果我們提價 10％，您準備把這批貨賣給我們嗎？」

(5)強迫選擇式提問

強迫選擇式提問，是一種以自己的意志強加給對手，迫使對方在狹小範圍內進行選擇回答。運用這種提問方式，要特別慎重，一般應在我方掌握充分主動權的情況下使用。否則，會很容易引起談判出現僵局，甚至出現破裂。

「原定的計劃，你們是本週實施，還是下週？請給我們答覆。」

「按照支付佣金的國際慣例，我們從供應商那裏一般可得到 3％～5％的佣金，貴方是否同意呢？」

「您比較過我們的擔保了嗎？請比較一下吧。」

(6)澄清式提問

澄清式提問，是指標對對方的答覆重新措辭，以使對方進一步澄清或補充其原先答覆的一種提問。

「您剛才說，對目前正在進行的這宗生意可以作取捨，這是不是說您擁有全權與我進行談判？」

「您剛才的意思是想要進一步擴大我們之間的業務嗎？」

(7)探索式提問

探索式提問，是指標對談判對手的答覆，要求引申舉例說明，以便探索新問題、新方法的一種提問。它不但可以充分地發掘信息，而且可以體現提問者對對手答覆的重視。

「我們想增加購貨量，您能否在價格上更優惠些？」

「假若我們採用您的方案會怎麼樣？」

「您說可以如期履約，有什麼事實可以證明嗎？」

(8)坦誠性提問

坦誠性提問是指一種推心置腹友好性的提問。這一提問，一般是對方陷入困境或有難辦之處，出於友好，幫其排憂解難的提問。這種提問，能製造出某種和諧的氣氛。

「告訴我，您出售的最低價是多少？」

「您是否清楚，我已提供給您一個很好的銷售機會？」

「您不能告訴我真實情況嗎？」

(9)借助式提問

借助式提問，是指借助權威人士的觀點、意見，影響談判對手的一種提問。採用這種提問方式時，應當注意，所借助的人或單位

應是對方所瞭解的,能對對方產生積極影響的。如果對方不瞭解借助人,或對他有看法,就可能引起反感,效果適得其反。

「我們請教了顧問,已經對該產品的價格有了較多瞭解,請您考慮,是否把價格再降低一些?」

「不知道某某先生是怎麼認為的呢?」

表 9-1　提問方法

提問(採購方)	答覆(供應商)
「那麼,你們如何應對燃氣價格上漲的問題?」(詢問「現狀」問題)	一般來說,這意味著我們需要提價。(對現狀問題的答覆)
「這樣會給你的客戶帶來麻煩嗎?」(詢問對方的「困難」)	「現在還不會,但是如果價格持續上漲,我們可能會失去幾個小客戶。」(所面臨的問題)
「你們會不會考慮用石油作為替代產品?」(「現狀」問題)	「我們可能會。」(進一步的現狀)
「你們以後的生產還會像目前這樣面臨問題嗎?」(詢問對方的「困難」)	「垃圾處理會成為一個棘手的問題。所以,會給我們帶來新的難題。」(另一個要面臨的問題)
「這對你們的客戶群將意味著什麼?」(「牽連」問題)	「小客戶很可能受價格上漲的影響,但我們的客戶很多,失去一些老客戶意味著我們需要尋找新客戶。」(隱藏需求——他們需要維持小客戶來彌補成本)
「如果我方把訂貨量增加到合約水準以上,你們感興趣嗎?」(「需求與回報」問題)	「我們要查一下進度表,確定我們是否能滿足增加訂貨的需求,但這肯定是我們所希望的。」(明確表示可以就數量增加進行談判)

3. 提問的技巧

提問是一種藝術，什麼時候提問，用什麼方法去問，而不至於使人反感等，這些都是談判人員必須認真研究的。談判中的提問不同於生活中的提問，巧妙的提問，或許能夠獲得一個重要的信息，所以說談判提問應該掌握以下一些技巧：

(1) 提前準備好問題

提前準備的問題是為隨後所要提出的重要問題作前奏。這些問題看上去很容易回答，所以對方在回答時可能會比較鬆懈，容易暴露出他的想法。當我們再向其提出重要問題時，對方只好按照原來的思路作答。

(2) 耐心等待對方回答

我們在提出問題後，要立刻保持沉默，給對方充足的時間進行答覆。造成要注意的是，不可在對方未回答問題之前，又接著提出第二個問題，或者說出自己的意見。

(3) 敢於提出各種問題

我們一方面要敢於提出某些看似很笨的問題，這樣往往會鼓勵對方給我們一個好的答案；另一方面要有勇氣反覆提出對方迴避的問題，假如其答案不夠完整或故意轉移話題，我們要有耐心繼續追問。

(4) 反覆提同一個問題

我們可以用不同的方式反覆提出同一個問題。如果對方前後回答一致，說明他對這個問題已有準備。如果對方前後回答不一致，說明其對這個問題沒有進行深入的思考，只是臨時應答而已。

⑸保持提問的連續性

當我們圍繞著一個事實進行提問時，應考慮其內在邏輯關係。不要在談該問題的同時，突然又提出一個與此無關的問題，這樣不僅會分散對方的精力，而且我們的提問也不得到圓滿的答覆。

⑹提出已知的問題

我們可以提出某些我們已經知道答案的問題，這將會幫助我們瞭解對方的誠實程度，也可以對某些問題的答案給予再次確認。尤其是事關重大的要害問題，因為這種提問可以防止以後產生不必要的麻煩。

⑺突然向對方提問

在談判過程中，我們可以打斷對方的思路，突然提出一個涉及對方要害的問題，使對方猝不及防，在無意中吐露真情。但是這種方法不宜多用，而且這種提問很不禮貌，會使對方感到不高興。

⑻提問的語速適中

我們在進行提問時，語速要適中。說話速度太快，容易使對方感到你不耐煩，引起對方反感；反之，如果說話太慢，則容易使對方想不到沉悶，從而降低了我們提問的力量。因此，我們提問的速度應該快慢適中。

我們還應該掌握提問的時機，一般有以下四個時間段：即在對方發言完畢之後，在對方發言停頓、間歇時，在自己發言前後和在議程規定的辯論時間內。我們可以根據問題的性質選擇合適的提問時間。

三、如何在談判中運用回答技巧

在採購談判中，當供應商採用提問技巧，對我方進行提問，我們既無法拒絕回答對方的問題，又不能有問必答，同時還需要承擔一定的風險，這便給我們帶來一定的精神負擔和壓力。

一個有經驗的採購談判人員，在回答供應商問題的時候會善於運用回答的策略與技巧，對供應商的提問能夠予以妙答，使自己不至處於被動的境地。常見的回答技巧有如下幾點：

1. 給自己留充分的思考時間

通常，談判人員對問題答覆好壞，與思考的時間，成正比。採購談判中，對於供應商提出的問題，我們必須經過慎重考慮後，才能回答，特別是對一些可能會暴露我方意圖的話題。但有些供應商會不斷地催問，迫使我們在沒有進行充分思考的情況下倉促作答。在這種情況下，我們一定要保持清醒的頭腦，告訴對方必須認真思考之後才能給予答覆，因而需要充分的時間。

例如，在供應商提出問題之後，我們也可以透過點隻香煙、喝一口茶、調整一下坐姿、整理一下文件、翻一翻筆記本等動作來延緩時間，從而利用更多的時間考慮對方的問題，等時機成熟再進行回答，這樣，效果會更理想。

2. 針對供應商的真實心理答覆

供應商有時為獲取效果，會有意識地含糊其辭，使所提問題模棱兩可。此時，如果我們沒有摸清對方的真實心理，就可能在答覆中出現漏洞，使其有機可乘。因此，遇到這種情況時，我們一定要

先進行認真分析，探明對方真實心理，然後針對對方的心理作答。

3.不要確切回答對方的提問

在採購談判中，當供應商向我們提問時，我們難免會遇到一些很難回答或者不便確切回答的問題，如果我們直接拒絕回答供應商所提出來的問題，就會影響到談判的氣氛。而「和盤托出」，又會使自己陷入被動的不利局面。

對此，我們可以採取含糊其辭、模棱兩可的方法作答，也可利用反問把重點推移。有些時候，對於供應商提出的問題，我們並不需要全部回答。正確的做法，是將供應商問話的範圍縮小，只回答其中的一部份，或者不做正面答覆。這樣，既避開了供應商的鋒芒，又給自己留下了一定的餘地，實為一箭雙雕之舉。

例如，當供應商問：「您對我們這次交易能否獲得成功怎麼看，是充滿了信心嗎？」

我們可以回答：「我想貴方已經充分理解了我們在產品品質和價格上的立場，按正常情況，我們應當是有信心的。」「有信心」三個字看似表明了我們的決心與誠意，但其實包含了一個暗示性的假言判斷，即：假如你方在價格、品質上按我方要求，我們就可以成交；假如你方的產品不符合要求，那就不可能成交。

當然，用「無可奉告」一語來拒絕回答，也是委婉應答的好辦法。總之，當我們面臨這種情況時，不要徹底回答供應商的提問，為自己留有餘地，以使對方摸不清我方的底牌。

4.降低供應商的追問興致

在談判的過程中，供應商通常會採取連珠炮的形式提問，這對我們非常不利。因此，我們要儘量使對方找不到繼續追問的話題和

藉口。

有時，我們可以利用無法回答或資料不在等藉口，廻避難以回答的問題。此外，當對方的問題不能予以清晰、有條理的回答時，可以降低問題的意義，例如「我們考慮過，情況沒有你想的那樣嚴重」，或「這個問題容易解決，但現在還不是時候」。

在採購談判中，情況千變萬化，我們需要不斷摸索並善於總結重點，掌握好回答的技巧，同時熟練地運用於談判實踐之中。談判中回答的要訣是基於談判效果的需要，準確把握住該說什麼，不該說什麼，以及應該怎樣說。

5. 如何巧妙回應供應商提出的棘手問題

如果能獲得供應商的尊重和認可，那麼你會在談判過程中很有說服力。而要獲得供應商的尊重，你必須表現得非常自信。因此你要準備好，最好在任何情況下都不要被供應商問倒。

以下 4 個供應商的問題，如果回答得不夠巧妙，可能會使採購陷入被動。

1. 您是只接受最低競標價呢？還是有談判的餘地？

2. 您是決策者嗎？

3. 您對我們提供的計劃書如何評價？

4. 如果我針對您的回饋意見修改我們的計劃書，我們是否就可以成交？

試試看你會怎樣回答上述問題。以下的說明和建議可以幫助你更好地掌握應對類似問題的方法。

問題 1

供應商在遞交報價之前經常問這一問題，這樣他們可以考慮究

竟是報出最好的價格還是留有餘地。從採購的角度來講,自然希望供應商提供最好的報價,而如果明確告訴對方你有談判的意願,對方自然就不會很快給你最好的價格。如果告訴對方你不打算談判,而如果事後進行談判,這又顯示出採購不夠專業、不夠誠信,從而會失去供應商對你的信任和尊重。對於這個問題可以這樣來回答:這要看情況而定,我們保留進行談判的權利。但如果你們提供最好的報價,有可能我們就不需要談判而直接接受了。我們希望你們能報出你們最有競爭力的價格,以便最大限度地使你們的報價得到我們的重視。

問題 2

供應商不喜歡與沒有最終決定權的人談判,因為他擔心自己的賣點不被重視,或可能失去商機,所以他們千方百計想繞過採購直接與決策者交涉,這樣做可能使得購買決定未能建立在消化所有信息的基礎上。對於問題 2 可以這樣回答:決定由我們團隊共同作出,我是負責這個項目的聯絡人,任何決定都必須經過我來主持協調。

問題 3、問題 4

供應商經常在你確定與誰合作之前提出這個問題,採購商會向供應商提出某些不能接受的方面,如價格偏高等。這就會導致問題4。如果在沒有審核完所有報價之前就回答問題 4,可能會對你不利,如果不正面回答這個問題,也會導致一些負面反應:你不是決策者,你只是個跑腿的,這樣也會使供應商失去對你的信任和重視。所以,對問題 3 你不如這樣回答:我們的報價審核程序還未結束,所以我還不能給你一個公平的結論。在你準備同供應商談判之

前不要對他的建議書提供任何具體的回饋意見，避免問題 4 的發生。

四、如何在採購談判中運用傾聽技巧

在採購談判中，傾聽不僅是我們瞭解供應商觀點和立場的主要手段，而且也是我們作為談判者所必須具備的一種修養。「與對手交談取得成功的重要秘訣，就是多聽，永遠不要不懂裝懂。」

在採購談判中所說的傾聽，並不單純是指運用耳朵聽，而且還指用眼睛去觀察供應商的表情與動作，用心為對方的話語作設身處地的構想，並經過大腦仔細研究其話語背後的動機。在談判的過程中，我們要耐心、認真、積極地傾聽供應商的發言，這是改善雙方關係的有效方式之一。

採購談判中，傾聽的要旨是去探討供應商的心理，接受他傳遞的信息和發掘事實的真相，不斷調整自己的行動。

認真傾聽供應商的發言不僅能使我們更真實地瞭解對方的立場、觀點、態度，而且可以瞭解對方的溝通方式、內部關係、小組內成員的意見分歧，從而使我們掌握談判的主動權。

比利是一家鋼材公司的推銷員。每次代表公司出去談判，他總是習慣於提前到達談判地點，四處走走，並與談判對手的內部成員聊聊天，仔細傾聽別人的談論。有一次，他被派到某工廠去談判。

一會兒工夫，比利就和該工廠的一位領班聊上了。這位領班在侃侃而談之中告訴比利說：「我們用過各公司的產品，可是

只有你們的產品符合我們的規格和標準。」

　　邊走邊聊時，他又說：「嗨！比利先生，你說這次談判什麼時候才能有結論呢？我們公司的存貨馬上就快用完了。」

　　由於比利善於傾聽，從領班人員的講話中獲取了對自己談判非常有利的情報，即：「只有我方的產品符合對方的規格和標準」，「對方的存貨馬上就要用完了，急需進貨」。

　　比利專心致志地傾聽那位領班講話，滿心歡喜地從他的話裏獲取了極有價值的情報。當比利與這家工廠的採購人員面對面地談判時，從工廠領班漫不經心的話裏獲取的情報幫了他的大忙。

1. 傾聽的方式

　　優秀的談判者都是積極的傾聽者，談判中傾聽的方式主要分為下述幾點：

(1)迎和式傾聽

　　「迎和式傾聽」是在談判的過程中，我們要對對方的發言採取迎合的態度，適時地作出回應，例如點點頭或者簡短地插話。選擇迎合式傾聽容易消除談判對手的對抗心理，一旦放鬆警惕，他就會滔滔不絕地將自己的意見和想法和盤托出。

(2)引誘式傾聽

　　「引誘式傾聽」是在傾聽談判對手發言的過程中，我們要適時地提出一些恰當的問題，誘使對方說出他的全部想法。用這種方法對付一個新的談判對手非常有效。對方可能會在不知不覺中說出許多他原來不該說的話，讓我們從中獲取有利信息。

⑶ 勸導式傾聽

「勸導式傾聽」就是當談判對手的話題偏離了談判的主題時，我們應當用恰當的語言，在不知不覺之中轉回話題，把對方的話題拉回到主題上來。需要注意的是，轉移話題就要自然、婉轉，否則容易引起對方的反感，那樣反而得不償失。

在採購談判中，要想把握對手的意圖、目標、風格、策略等，就必須學會傾聽，並要掌握傾聽的技巧。

2. 傾聽的技巧

在對方發言時，我們要耐心、認真地傾聽。心理學家研究證明，一般人傾聽及思維的速度大約要比說話的速度快 4 倍左右。因此，往往是說話者話還沒有說完，聽話者就大部份都能夠理解了。所以我們必須把注意力全部集中在對方講話的內容上，稍微一走神，就可能會錯過對方所傳遞的重要信息。相反，那些表現得漫不經心、打斷對方的講話人，不僅得不到對方的尊重，而且很難在談判中取得成功。

在談判的過程中，要學會積極主動的傾聽。適當地對對方的陳述作某些肯定性的評價，以鼓勵對方充分發表其看法，並且恰當地利用自己的提問，加深強化對對方有關表述的理解。

很多採購員錯誤地以為只要自己在談判中講話多就能夠佔上風，其實不然，優秀的談判者往往都少說多聽。我們應該給自己創造傾聽的機會，透過採取一些有效的策略，促使講話者保持積極的講話狀態。例如，對對方的話表示出極大的興趣，用微笑、目光、點頭等讚賞的形式對其表示鼓勵，以激發對方發言的積極性。

在傾聽的過程中，我們還要善於觀察對方的面部表情、手勢

等，並透過這些非語言信息獲取我們想要的談判資料。無論是對方的措辭、表達方式，還是語氣、聲調，都能為我方提供談判的重要線索。我們要抱著實事求是的態度，從客觀角度分析對方的話語，去發現對方一言一行背後隱藏的含義。

談判時，由於我們經常會處於高度的緊張之中，想憑大腦記下對方所談的全部內容幾乎是不可能的，因此，我們要一邊傾聽一邊做記錄。一方面，記筆記不僅是集中精力傾聽的有效手段，而且也有助於我們在對方發言完畢之後，就某些問題向其提問；另一方面，我們還能夠進一步分析和理解對方的正確意思。

最後，在對方發言時，我們還要學會傾聽弦外之音。不少談判經驗豐富的朋友告訴我，注意供應商的言外之意是非常關鍵的，我們經常會發現對方採用正話反說、反話正說的策略，這時就需要我們對對方的話語進行認真揣摩。

第 *10* 章

採購談判的收尾階段

　　採購談判經過談判收尾階段，即成交階段；這階段的主要任務就是促成簽約，讓雙方的利益得到確認和實現，雙方維持良好的長期合作關係。

　　經過與供應商之間的討價還價之後，便進入談判的收尾階段，即成交階段。這個階段的主要任務就是促成簽約，讓雙方的利益得到確認和實現，在成交階段，我們需要準確判斷供應商的成交跡象，然後採用相應的收尾策略。

一、可能的採購談判結果

　　收尾階段出現的談判結果，有假性敗局、真性敗局、和局。

1. 和局

　　和局是指談判雙方在磋商的過程中取得了一致的意見，順利簽署協議，從而終止了談判活動的結局。和局標誌著談判雙方都是勝

利者,這就是所謂成功的談判。

和局的出現是談判雙方在共同努力下所取得的成績,這種成績的取得與雙方相互讓步分不開。這種所謂的讓步並非絕對平均,談判者總是立足於對自己更為有利,或者付出代價也「劃得來」的前提之下結束談判。

談判的和局,必然表現為談判的各方就談判的事項達成協定,分為口頭協定與書面協定。最常用的方式為書面協定。

談判中的協定、文件是談判雙方就其權利與義務關係協商一致的範文,對雙方均具有約束力,任何一方違約都要承擔相應的責任。因此,老練的談判者總是要利用覆查,修改協議的最後機會,進一步謀求我方的利益,杜絕漏洞,避免失誤。

無論我們與供應商的談判結果是好是壞,在談判結束後,我們都要對本次談判進行總結。

應該多問問自己:本次談判準備得是否充分?我對本次談判結果是否滿意?那些戰略對本次談判幫助最大?那些行動妨礙了本次談判?談判初是否理解對方最關切的問題?我在本次談判中學到了什麼?我下次應當如何做?我們要透過總結問題和發現錯誤,來豐富自己的談判經驗,以便在以後的談判中做得更好。

2. 假性敗局

假性敗局指的是談判雙方經過一再討價還價之後,由於種種主客觀原因,未能達成協議的暫時性談判的終止。假性敗局的特徵是,從形勢上看談判已經結束,但實際上卻存在著重新談判的可能性,因為雙方之間仍然存在著談判的協議區。

多角談判、基於談判謀略上的考慮、談判雙方的利益衝突未找

到解決的突破口、客觀條件的不成熟等都可能造成假性敗局。我們可把它分為主觀性假性敗局和客觀性假性敗局。主觀性假性敗局是指雙方由於意見分歧而暫時終止談判，以求達到重新談判、獲取利益的目的；客觀性假性敗局是指談判雙方在談判的過程中，由於有阻礙談判成功的客觀原因，影響談判不能順利達成協議而不得不暫時終止。

談判的假性敗局與談判的僵局之間有些類似之處，都具有暫時性。僵局如果得到破解可以促成和局，否則會導致真性敗局。在假性敗局的內在因素消除之後，重新談判也可促成和局，反之會轉化成真性敗局。

但假性敗局不同於僵局，僵局發生在談判的磋商階段，談判尚在進行，並未結束；假性敗局卻產生於談判的終局階段，儘管將來條件成熟，可能就同一問題重新談判，但對該次談判而言，已經結束。

3. 真性敗局

真性敗局意味著談判的破裂。它指的是談判雙方進入談判之後，由於種種原因而未達成協定，最終只得遺憾地結束談判。

導致真性敗局的原因有很多，其根本原因是談判雙方的交易條件差距較大，無法達成統一的協定。當出現這種情況時我們應注意採用適當的方法與技巧，正確地進行處理。

(1)學會使用拒絕的藝術

談判無法達成一致協議，往往是由於一方拒絕另一方的提議，或是雙方的相互拒絕。如果我們拒絕作出任何讓步，必然在對方心理上造成失望與不快。所以，要正確使用「拒絕」的藝術，既能使

自己從無法解決的困境中解脫出來,又能使對方在和諧的氣氛中接受拒絕。在談判中,婉言拒絕的藝術方式有:

①誘使對方首先明確提出拒絕

可以反問供應商,「鑑於我們的立場和觀點難於統一,是否意味著談判將無法取得成果」,從而誘使對方做出肯定的答覆。

②以「不是」掩蓋「是」的回答

當供應商提出某種「拒絕」的暗示時,我們可以採取形似遺憾、實為默許的技巧。我們可以說「我方對此深感遺憾,實際上我們並不希望出現這種情況。」

③調離我方談判代表

當我們意識到與供應商確實無法達成協定時,就可以透過各種藉口把我方的談判代表調離現場,從而使採購談判不動聲色地破裂。

④採用先肯定、後轉折的語言

我們可以首先肯定雙方所作的努力,尤其是供應商的某些立場和觀點,然後再巧妙地透過「由於雙方的客觀情況差距較大」等類似轉折性的語言作出「拒絕」的暗示。

⑤以「權力有限」等藉口拒絕

當我們不願再繼續談判時,便可以以權力有限,回去彙報請示後,限期再作答覆等藉口來拒絕談判。這經常被認為是一種最為委婉的拒絕方式。

(2)善於掌握最後可能出現的轉機

當供應商明確最後的立場時,我們要透過巧妙的語言和誠懇的態度為談判爭取最後的轉機。如我們可以作出以下陳述:「貴方目

前的態度我們完全可以理解，如果今後貴方對本次談判有新的建議，我們很樂意再進行討論」，「我方很期待與貴方的合作，貴方今後有新的想法可以再與我方聯繫」。這樣對於那些以「結束談判」要脅我們作出讓步的供應商網開一面，有時可能就會令談判出現新的轉機。

(3) 緩和談判氣氛

當談判破裂後，氣氛會顯得異常尷尬，這就需要我們來緩和談判氣氛。我們此時無須回憶談判的歷程和環節，更不能追究談判破裂的原因與責任，以免觸動那些敏感的問題，傷害供應商的感情或自尊心，引起對方的抗議，從而影響自己的聲譽和雙方今後合作的可能性。我們應對對方談判人員數天的辛勤工作表示感謝，並表示雙方今後合作的意圖。

談判失敗給雙方在物質上和感情上帶來的損失是不容忽視的。談判的原則是雙贏，所以，在談判中應儘量避免敗局的產生。當然，也不能因為害怕談判失敗而不敢面對談判或放棄談判，問題的關鍵在於對導致敗局的原因做好充分的預測和防備，採取防患於未然的措施。而防止談判失誤的基本原則在於精通談判理論，把握好談判的技巧，並善於在實踐中靈活運用。

二、採購談判的收尾策略

如果談判策略實施後，談判必然進入終結，這種策略就叫終結策略。終結策略對談判收尾有特殊的導向作用和影響力，它表現出一種最終的衝擊力量，具有終結的信號作用。

1. 最後立場策略

當我們闡明我方最後的立場，講清只能讓步到某種程度，如果供應商不接受，談判即宣佈破裂；如果對方接受該條件，那麼談判成交。這種最後立場策略可以作為談判終結的判定。

2. 折中進退策略

折中進退策略是指以雙方條件差距之和取中間條件作為雙方共同前進或妥協的策略。折中進退策略雖然不夠科學，但是在很難說服對方，各自堅持我方條件的情況下，也是尋求儘快解決分歧的一種方法。

3. 總體條件交換策略

總體條件交換策略是指臨近預定談判結束時間或階段時，我們可以將全部條件通盤考慮，和供應商以各自的條件作整體一攬子的進退交換以求達成協定。

4. 場外交易策略

場外交易策略是指當談判進入成交階段，雙方將最後遺留的個別問題的分歧意見放下，東道主一方安排一些旅遊、酒宴、娛樂項目，以緩解談判氣氛，爭取達成協議的做法。

如果採購談判取得了成功，我們與供應商達成了協定，這固然是一件可喜可賀的事情。但是，我們絕不能因此而忽略成交後的收尾問題。

⑴整理談判記錄。在確認雙方一致性的基礎上，寫出談判報告，並向對方公佈，這樣做可以確保談判成果與所簽合約的一致性。

⑵保留某種餘地。談判取得了一致意見，未必是談判最終的有效成果。在簽訂合約前，我們應該為自己保留某種餘地。

⑶形成具體文字。當我們在確認各種條件一致時，應該將所有的談判結果都形成文字，同時與供應商約定簽約的時間、地點以及方式。

⑷一定表示感謝。最後，我們要對彼此的合作和努力表示感謝，對談判成功表示祝賀，並以此來建立雙方談判人員的友誼和企業之間固定的貿易關係。

成交階段採購談判的主要目標是力求盡快地與供應商達成交易，爭取獲得最後的利益。

三、如何達成談判協議的細節

和供應商達成交易後，要簽訂書面協議。協議經雙方簽字後，就成為約束雙方的法律性文件，有關協議規定的各項條款，雙方都必須遵守和執行，任何一方違反協議的規定，都必須承擔法律責任，對於簽訂工作，必須採取嚴肅認真的態度。

經過一番唇槍舌劍的激戰，我們與供應商取得了一致的意見，達成了某種協議。談判協定達成以後，接下來便進入簽合約階段，這時要用書面或其他法定形式將談判內容固定下來。

合約是談判當事人之間以設立、變更、終止債權債務為內容的民事法律關係的協議，依法形成的合約受法律保護，具有法律效力。合約雙方必須履行合約中規定的各自應盡的義務，否則就必須承擔法律責任。

在談判中，要重視合約的簽訂及履行，從實際情況來看，簽訂合約有以下幾個方面的重點。

1.審查對方當事人簽合約資格

在與供應商簽訂合約時,一定要對對方當事人的簽約資格進行審查,否則,即使簽訂了合約,也是無效的。我們可以透過有關機關進行瞭解,確定對方的主體資格,並要求對其出示有關法律文件。

具體到簽合約的身份問題,我們應要求對方出具有效的授權證明,以瞭解其合法身份和權限範圍。我們要認真地瞭解對方的企業信譽及其行為能力和責任能力,切不可草率行事,以免上當受騙。

採購談判後還有許多工作要做,具體來說有以下工作需要去處理。

* 起草一份聲明,盡可能清楚地詳述雙方已經達成一致的內容,並將其呈送到談判各方以便提出自己的意見並簽名。
* 將達成的協定提交給雙方各自的委託人,也就是雙方就那些事項達成協定,從該協定中可以獲益什麼。
* 執行協議。
* 設定專門程序監察協定履行情況,並處理可能會出現的任何問題。
* 在談判結束後和對方舉行一場宴會是必不可少的。因為在激烈交鋒後,這種方式可以消除談判過程中的緊張氣氛,從而有利於維持雙方的關係。

2.防範合約欺詐

有些簽約人很可能在合約中故意設置陷阱,進行詐騙,我們在最後審查合約時,應結合談判原始文件,仔細看是否有遺漏,並且審查合約的文字是否準確。對那些重要採購項目談判所訂的合約,我們不僅要反覆審查,還應交由有關專家審查,從各個角度嚴格把

合約關,減少不必要的風險。

3.規範協定文本的文字

按照國際慣例,協定使用的文字應是談判當事人的法定文字,通常是談判各方所在國的多種文字。而實際上,在許多談判中,涉外合約上顯示的僅是一方的文字。這樣不僅會傷害到其中一方的尊嚴,而且容易出現外文釋義的分歧,在談判的承諾中,應規定使用同等效力的兩種或多種文字文本為宜。

4. 檢查合約條款是否完備

合約中的條款應該具體詳細,並具備合約能夠成立的主要條款,如標的、價格、數量、合約的期限、履行地點和方式以及違約責任等。另外,合約的普通條款也很重要,只有在合約具備起碼的條文後,才能明確雙方當事人的權利、義務和責任。這對於談判雙方履行合約,避免發生爭議均有十分重要的意義。

5. 審查合約是否有效

對合約簽訂是否有效進行審查,既要審查談判人員的主體資格是否合格,是否經過合法授權,以及權力範圍如何,還要審查合約本身的內容有無前後矛盾、相互衝突的部份,必須及時修改、調整,否則便會影響條文的效力。

在簽合約的環節,我們必須小心謹慎,因為只要還沒有簽合約,談判就有可能發生變化。談判合約的簽訂,必須注意下面幾個問題。

(1)達成的協定必須見諸於文字

許多談判後的爭端,都是由於沒有將協定形成文字引起的。僅憑口頭協議,一方面在執行過程中容易被曲解,另一方面如果發生

了破壞協議的事,也無據可查。

⑵協定的文字要簡潔,概念要明確,內容要具體

談判後的爭端往往是由於對關鍵性的概念,使用了模棱兩可、含糊不清的詞語,或者重要的細節沒有交代清楚而造成的。

⑶不要輕易在對方擬定的談判協定上簽字

供應商擬定的協議,必然對其本身有利,我們應該謹慎地予以檢查。必要時,自己準備一個協議的草案,以便對照。在確信沒有問題後方可簽字。

重大的採購談判協定簽訂以後,還應該讓協定具有法律效果,通常是將協議經過公證部門的公證。這樣,一旦一方違反協議,經過交涉無效時,可以對簿公堂,尋求法律解決。

重大的採購談判合約簽訂以後,我們必須隨時密切注意以下幾點。

- ·有無影響合約執行的不可抗拒的因素會發生,我們應力求防患於未然,以免造成無法挽回的損失。
- ·密切注意供應商的經營狀況,以防對方經營不善。造成合約無法執行的局面。
- ·仔細研究合約。但凡有經驗的談判人員總是力求在解釋合約的過程中,為自己謀求利益,同時也防止讓對方對合約作出不利於自己的解釋。
- ·合約簽訂是合約管理機關根據供需雙方當事人的申請,在訂立採購合約時,必須經過工商行政管理部門或雙方的主管部門簽證。

附錄 測驗你的談判能力

下列是談判能力測試問卷調查表，請選擇「目前你能做到的，而不是你應該做到的」的答項。

---

1. 你通常是否先準備好，再進行商談？

(1)每次　　(2)時常　　(3)有時　　(4)不常　　(5)都沒有

2. 你面對直接的衝突有何感覺？

(1)非常不舒服　　　　　　　(2)相當不舒服

(3)雖然不喜歡但還是面對著它　(4)有點喜歡這種挑戰

(5)非常喜歡這種機會

3. 你是否相信商談時對方告訴你的話？

(1)不，我非常懷疑　　(2)普通程度的懷疑

(3)有時候不相信　　　(4)大概相信

(5)幾乎永遠相信

4. 被人喜歡對你來說重不重要？

(1)非常重要　　　　　(2)相當重要

(3)普通　　　　　　　(4)不太重要

(5)一點都不重要

5. 商談時你是否常作樂觀的打算？

(1)幾乎每次都關心最樂觀的一面　(2)相當的關心

(3)普通程度的關心　　　　　　　(4)不太關心

(5)根本不關心

6.你對商談的看法怎麼樣？

⑴高度的競爭

⑵大部份的競爭，小部份的合作

⑶大部份的相互合作，小部份的競爭

⑷高度的合作

⑸一半競爭，一半合作

7.你贊成那一種交易呢？

⑴對雙方都有利的交易

⑵對自己較有利的交易

⑶對對方較有利的交易

⑷對自己非常有利，對對方不利的交易

⑸各人為自己打算

8.你是否喜歡和商人交易(傢俱、汽車、家庭用具的商人）？

⑴非常喜歡　　　　⑵喜歡　　　　⑶不喜歡也不討厭

⑷相當不喜歡　　　⑸憎恨它

9.如果交易對對方有利，你是否會讓對方再和你商談一個較好一點的交易？

⑴很願意　　　　　⑵有時願意　　　　⑶不願意

⑷幾乎從沒有過　　⑸那是對方的問題

10.你是否有威脅別人的傾向？

⑴常常如此　　　　⑵相當如此　　　　⑶偶爾如此

⑷不常　　　　　　⑸幾乎沒有

11.你是否能適當表達自己的觀點？

⑴經常如此　　　　⑵超過一般水準　　　⑶一般水準

⑷低於一般水準　　　⑸相當差

12. 你是不是一個很好的傾聽者？

⑴非常好　　　　　⑵比一般人好　　　　⑶普通程度

⑷低於一般水準　　　⑸很差

13. 面對含糊不清的詞句，其中還夾著許多贊成和反對的爭論時，你有何感覺？

⑴非常不舒服，希望事情不是這個樣子

⑵相當不舒服

⑶不喜歡，但還是可以接受

⑷一點也不會被騷擾，很容易就習慣了

⑸喜歡如此，事情本來就該如此

14. 有人在陳述和你不同的觀點時，你能夠傾聽嗎？

⑴把頭掉轉開　　　　　　⑵聽一點點，很難聽進去

⑶聽一點點，但不太在意　　⑷合理地傾聽

⑸很注意地聽

15. 在商談開始以前，你和公司的人如何徹底討論商議的目標和事情的優先程度？

⑴適當的次數，討論得很好　　⑵常常很辛苦地討論

⑶時常且辛苦地討論　　　　　⑷不常討論，討論得不好

⑸沒有會麼討論，只是在談判時執行上級的要求

165. 假如一般公司都照著定價加 5%，你的老闆卻要加 10%，你的感覺如何？

⑴根本不喜歡，會設法避免這種情況的發生

⑵不喜歡，但還是會不情願地去做

⑶勉強去做

⑷盡力做好，而且不怕嘗試

⑸喜歡這種考驗，而且期待這種考驗

17. 你喜不喜歡在商談中使用專家？

⑴非常喜歡　　⑵相當喜歡　　⑶偶爾為之

⑷假如情況需要的話　　　　⑸非常不喜歡

18. 你是不是一個很好的商議小組領導者？

⑴非常好　　⑵相當好　　⑶公平的領導者

⑷不太好　　⑸很糟糕的領導者

19. 置身在壓力下，你的思路是否很清晰？

⑴是的，非常好　　⑵比大部份人都好　　⑶一般程度

⑷在一般程度之下　　⑸根本不行

20. 你的商業談判能力如何？

⑴非常好　　⑵很好　　⑶和大部份主管一樣好

⑷不太好　　⑸不行

21. 你對自己的評價如何？

⑴高度的自我尊重　　　　⑵適當的自我尊重

⑶很複雜的感覺弄不清　　⑷不太好　　⑸沒什麼感覺

22. 你是否能獲得別人的尊敬？

⑴很容易　　⑵大部份如此　　⑶偶爾

⑷不常　　⑸很少

23.你認為自己是不是一個謹守策略的人？

⑴非常是　　⑵相當是　　⑶合理地運用

⑷時常會忘記策略　　⑸我似乎是先說後思考

24.你是否能廣泛地聽取各方面的意見？

⑴是的，非常能　　⑵大部份如此　　⑶普通程度

⑷相當不聽取別人的意見　　　⑸觀念相當固執

25.正直對你來說重不重要？

⑴非常重要　　⑵相當重要　　⑶重要　　⑷非常不重要

26.你認為別人的正直重不重要？

⑴非常重要　　⑵相當重要　　⑶重要　　⑷有點不重要

⑸非常不重要

27.當你手中有權力時，會如何使用呢？

⑴儘量運用一切的手段發揮

⑵適當地運用，沒有罪惡感

⑶我會為了正義而運用

⑷我不喜歡使用

⑸我很自然地接受對方作為我的對手

28.你對於行為語言的敏感程度如何？

⑴高度敏感　　⑵相當敏感　　⑶大約普通程度

⑷比大部份人的敏感程度都低　　⑸不敏感

29.你對於別人的動機和願望的敏感程度如何？

⑴高度敏感　　⑵相當敏感　　⑶大約普通程度

⑷比大部份敏感性低　　　⑸不敏感

30.對於以個人身份與對方結交,你有怎樣的感覺?

⑴我會避免如此　　⑵不太妥當　　⑶不好也不壞

⑷我會被吸引而接近對方

⑸我喜歡超出自己立場去接近他們

31.你調查商議真正問題的能力如何?

⑴我通常會知道　　　⑵大部份時間我都能夠瞭解

⑶我能夠猜得相當正確　　⑷對方常常會令我吃驚

⑸我發現很難知道真正問題的所在

32.在商議中,你想要定下那一種目標呢?

⑴很難達成目標　　⑵相當難的目標

⑶不太難,也不太容易的目標　　⑷相當適合的目標

⑸不太難,比較容易達成的目標

33.你是不是一個有耐心的商談者?

⑴幾乎永遠如此　　⑵比一般人有耐心

⑶普通程度　　　　⑷一般程度以下

⑸我會完成交易為什麼要浪費時間呢?

34.商談你對自己的目標的執著程度如何?

⑴非常執著　　⑵相當執著　　⑶有點執著

⑷不太執著　　⑸相當有彈性

35.在商談中,你是否很堅持?

⑴非常堅持　　⑵相當堅持　　⑶適度地堅持

⑷不太堅持　　⑸根本不堅持

36.你對對方在私人問題上的敏感程度如何(非商業性問題,例

如工作安全性，工作的負擔，假期，和老闆相處的情形等問題)？

⑴非常敏感　　⑵相當敏感　　⑶一般程度

⑷不太敏感　　⑸根本不敏感

37.對方的滿足對你有什麼影響？

⑴非常在乎，我儘量不使他受到損害

⑵有點在乎

⑶中立態度，但我希望他不會被傷害

⑷有點關心

⑸各人都要為自己打算

38.你是否想要強調你的權力限制？

⑴是的，非常想

⑵通常做的比我喜歡的還要多些

⑶適度的限制

⑷我不會詳述

⑸大部份時間我曾如此想

39.你是否想瞭解對方的權力限制？

⑴非常想　　　⑵相當想　　　⑶我會衡量一下

⑷這很難做，因為我並不是他

⑸我讓事情在會談時順其自然地進行

40.當你買東西時，對方說出一個很低的價錢，感覺如何？

⑴太可怕了

⑵不太好，但是有時我會如此做了

⑶偶爾才會做一次

⑷我常常如此嘗試，而且不在乎如此做

⑸我使它成為正常的習慣而且感覺非常舒服

41.通常你如何投降？

⑴非常緩慢　　⑵相當地緩慢　　⑶和對方的速度相同

⑷我多讓點步，試著使交易快點完成

⑸我不在乎付出更多，只要完成交易就行

42.對於接受影響你事業的風險，感覺如何？

⑴比大部份人更能接受大風險

⑵比大部份人更能接受相當大的風險

⑶比大部份人接受較小的風險

⑷偶爾冒一點風險

⑸很少冒險

43.對於接受財務風險的態度如何？

⑴比大部份人更能接受大風險

⑵比大部份人更能接受相當大的風險

⑶比大部份的人接受較小的風險

⑷偶爾冒一點風險

⑸很少冒險

44.面對那些地位比你高的人，感覺如何？

⑴非常舒服　　⑵相當舒服　　⑶複雜的感覺

⑷不舒服　　　⑸相當不舒服

45.你要購買車子或房屋的時候準備的情形如何？

⑴很徹底　　⑵相當好　　⑶普通程度

⑷不太好　　⑸沒有準備

46.對方告訴你的話，你調查到什麼程度？

⑴調查得很徹底　　⑵調查大部份的話

⑶調查某些話　　⑷知道應該怎樣調查，但做得不夠

⑸沒有調查

47.你對於解決問題是否有創見？

⑴非常有　　⑵相當有　　⑶有時候有

⑷不太多　　⑸幾乎沒有

48.你是否有足夠的魅力？人們是否尊敬你而且遵從你的領導？

⑴非常有　　⑵相當有　　⑶普通程度

⑷不太有　　⑸一點也沒有

49.和他人比較起來你是不是一個有經驗的商談者？

⑴很有經驗　　⑵比一般人有經驗　　⑶普通程度

⑷經驗比一般人少　　⑸沒有絲毫經驗

50.對於你所屬的小組裏的領導人感覺如何？

⑴舒服而且自然　　⑵相當舒服　　⑶很複雜的感覺

⑷存在某種自我意識　　⑸相當焦慮不安

51.沒有壓力時，你的思考能力如何(和同事相比較之下)？

⑴非常好　　⑵比大部份人好　　⑶普通程度

⑷比大部份人差　　⑸不太行

52.興奮時，你是否會激動？

⑴很鎮靜　　⑵原則上很鎮靜，但會被對方激怒

⑶和大部份人相同　　⑷性情比較急躁

⑸有時我會激動起來

53. 在社交場合中人們是否喜歡你？

⑴非常喜歡　　⑵相當喜歡　　⑶普通程度

⑷不太喜歡　　⑸相當不喜歡

54. 你工作的安全性如何？

⑴非常安全　　⑵相當安全　　⑶一般程度

⑷不安全　　　⑸相當不安全

55. 假如你聽過對方四次很詳盡的解釋，你還是必須說四次「我不瞭解」你的感覺如何？

⑴太可怕了，我不會那麼做的　　⑵相當困窘

⑶會覺得很不好意思　　⑷感覺不會太壞，還是會去做

⑸不會有任何猶豫

56. 商議時，對於處理困難的問題，你的成績如何？

⑴非常好　　⑵超過一般程度　　⑶一般程度

⑷一般程度以下　　⑸很糟糕

57. 你是否會問探索性問題？

⑴擅長此道　　⑵相當不錯　　⑶一般程度

⑷不太好　　⑸不擅此道

58. 生意上的秘密，你是不是守口如瓶？

⑴非常保密　　⑵相當保密　　⑶一般程度

⑷常常說的比應該說的還多　　⑸說的實在太多了

59. 對於自己這一行的知識，你的信心如何(和同事相比較之

下)？

　　⑴比大部份人都有信心　　⑵相當地有信心　　⑶一般程度

　　⑷有點缺乏信心　　　　　⑸坦白地說，沒有信心

　　60.你是建築大廈的買主，由於太高的要求而更改設計圖，現在承包商為了這個原因要收取更高的價格。而你又因為他能把這項工程做好，而非常需要他。對於這個新的加價，你會有什麼感覺？

　　⑴馬上跳起來大叫　　　　⑵非常不喜歡

　　⑶準備好好地和他商議，但並不急著做

　　⑷雖然不喜歡，但還是會照做的

　　⑸和他對抗

　　61.你是否會將內心的感覺流露出來？

　　⑴非常容易　　⑵比大部份人多　　⑶普通程度

　　⑷不常流露　　⑸幾乎沒有

測驗評分表

　　按照下列的分數表，將每一個問題的正分或負分加起來。然後就能得到一個介於(－668)～(＋724)的總分。舉例來說：假如你選擇第一個問題的答案是(2)，你的分數是＋15；選擇第二個問題的答案是(1)，分數是－10；以此類推。

題號	1	2	3	4	5
1	＋20	＋15	＋5	－10	－20
2	－10	－5	＋10	＋10	－5
3	＋10	＋8	＋4	－4	－10
4	－14	－8	0	＋14	＋10

5	－10	＋10	＋10	－5	－10
6	－15	＋15	＋10	－15	＋5
7	0	＋10	－10	＋5	－5
8	＋3	＋6	＋6	－3	－5
9	＋6	＋6	0	－5	－10
10	－15	－10	0	＋5	＋10
11	＋8	＋4	0	－4	－6
12	＋15	＋10	0	－10	－15
13	－10	－5	＋5	＋10	＋10
14	－10	－5	＋5	＋10	＋10
15	＋8	－10	＋20	＋15	－20
16	－10	＋5	＋10	＋13	＋10
17	＋12	＋10	＋4	－4	－12
18	＋12	＋10	＋5	－5	－10
19	＋10	＋5	＋3	0	－5
20	＋20	＋15	＋5	－10	－20
21	＋15	＋10	0	－5	－15
22	＋12	＋8	＋3	－5	－8
23	＋6	＋4	0	－2	－4
24	＋10	＋3	＋5	－5	－10
25	＋15	＋10	＋5	0	－10
26	＋15	＋10	＋10	0	10
27	＋5	＋15	0	－5	0
28	＋2	＋1	＋5	－1	－2
29	＋15	＋10	0	－10	－15
30	－15	－10	＋2	＋10	＋15

31	+ 10	+ 5	+ 5	− 2	− 10
32	+ 10	+ 15	+ 5	0	− 10
33	+ 15	+ 10	+ 5	− 5	− 15
34	+ 12	+ 12	+ 3	− 5	− 15
35	+ 10	+ 12	4	− 3	− 10
36	+ 16	+ 12	0	− 3	− 10
37	+ 12	+ 6	0	− 2	− 10
38	− 10	− 8	+ 5	+ 8	+ 12
39	+ 15	+ 10	+ 5	+ 8	+ 12
40	− 10	− 5	+ 5	+ 15	+ 15
41	+ 15	+ 10	− 3	− 10	− 15
42	+ 5	+ 10	0	− 3	− 10
43	+ 5	+ 10	− 5	+ 5	− 8
44	+ 10	+ 8	+ 3	− 3	− 10
45	+ 15	+ 10	+ 3	− 5	− 15
46	+ 10	+ 10	+ 3	− 5	− 12
47	+ 12	+ 10	0	0	− 15
48	+ 10	+ 8	+ 3	0	− 3
49	+ 5	+ 5	+ 5	− 1	− 3
50	+ 8	+ 10	0	0	− 12
51	+ 15	+ 6	+ 4	0	− 5
52	+ 10	+ 8	+ 5	− 3	− 10
53	+ 10	+ 10	+ 3	− 2	− 6
54	+ 12	− 3	+ 2	− 5	− 12
55	− 8	+ 8	+ 3	+ 8	+ 12
56	+ 10	+ 8	+ 8	− 3	− 10

57	＋10	＋10	＋4	0	－5
58	＋10	＋8	0	－8	－15
59	＋12	＋10	0	－5	－10
60	＋15	－6	0	－10	－15
61	－8	－3	0	＋5	＋8

　　算出你的總分數後，你就可以知道你的得分是屬於那一級。

　　6 個月之後再做一次，然後和現在的結果進行比較，看看有沒有進步。

　　第一級：＋376～＋724

　　第二級：＋28～＋375

　　第三級：－320～＋27

　　第四級：－668～－321

第 *11* 章

採購議價前的供應市場調查

　　採購人員只有在談判前收集與供應商有關的信息，做到心中有數，從被動採購轉為主動採購，才能採用相應的談判策略和方法，有針對性地制訂相應的談判方案。

　　採購談判前，談判信息的收集，是很重要的準備工作，它是瞭解對方意圖、制訂談判計劃、確定談判策略及戰略的基本前提。採購人員只有在談判前收集與供應商有關的信息，才能採用相應的談判策略和方法，針對性地制訂相應的談判方案。很多採購人員常常輸在起跑線上，卻渾然不知。

一、控制採購價格的 3 件調查工作

　　採購價格的高低，直接影響了公司的利潤和採購績效，是採購控制過程中的關鍵因素。

步驟一、開展採購價格調查

1.準備價格調查資料

(1)瞭解價格種類

採購價格是採購活動中的關鍵要素,瞭解採購價格構成要素能夠幫助採購人員合理確定採購價格和範圍。

(2)選擇調查形式

採購人員根據所要調查的產品的特徵,結合本企業的實際情況,選擇合適的調查形式。調查形式包括電話調查、上門調查以及網上調查等。

(3)制定調查方案

採購人員無論進行電話調查、上門調查還是網上調查都需要事先擬訂調查方案,調查方案的內容包括調查時間、調查對象、調查範圍、調查內容等。

2.實施採購價格調查

採購人員開展採購價格的調查,詳細記錄在調查中收集到的各個數據,填寫採購價格調查匯總表。

採購人員在實施價格調查時,要從調查對象同類商品的價格、調查對象的品牌、調查對象的知名度、調查對象的預售量等角度來對價格開展調查,瞭解價格的成因。

步驟二、掌握供應商定價策略

1.分析供應商材料成本

採購人員如果能夠掌握供應商提供的原料的成本,就能在談判過程中壓低其商品和服務的價格。例如:

⑴工程或製造的方法。

⑵所需的特殊工具、設備。

⑶直接及間接材料成本。

⑷直接及間接人工成本。

⑸製造費用或外包費用。

⑹行銷、管理費用及稅收、利潤等。

2. 掌握供應商定價策略

供應商材料價格的高低主要由材料成本決定，除此之外，還包括供應商採用什麼樣的定價策略，這同供應商的產品特徵、產品競爭力、發展戰略、企業定位等密切相關。

因此，採購人員除了對供應商的產品成本進行瞭解外，還需要通過各種媒介對供應商的市場定位、競爭能力、發展戰略以及企業文化等進行深入分析，掌握在價格談判中的主動權。

步驟三、確定商品的採購底價
1. 搜集企業產品資料

採購人員在瞭解了供應商的定價策略後，應當結合本企業的產品成本和定價策略分析本企業的產品生產成本。

採購人員向生產部門收集資料瞭解生產所需的各類物料以及其他的人工和附加費用，向產品銷售部門瞭解企業的銷售策略和定價策略。

2. 確定商品採購底價

一般而言，企業在制定產品價格時，會採取成本加利潤的方法。採購人員根據產成品的價格減去利潤就能大致計算出企業所需

採購的物料的價格區間。價格的計算公式為：

採購價格＝總成本+預期利潤

總成本＝物料數量×物料價格+標準時間×(單位時間薪資率+單位時間費用率)×(1+修正係數)

預期利潤＝總成本×預期利潤率(由企業根據產品特點和經營策略綜合而定)

二、搜集市場情報的來源

談判開始前，應該收集下列談判信息。

1. 網上查詢

查找供應市場信息最便捷的方式就是利用網路來查詢。對採購員而言，那些網頁是我們必需的？包括網路討論組、招聘廣告網站、政府網站、公司主頁、地方新聞報紙雜誌網站。

(1)專業網站

有關公司、商店、生產廠家、專利、商標和行業協會的網站，通常可以找到產品的技術性能信息、新產品開發信息、產品發展趨勢、行業新聞、行業相關統計數據等信息。

專業網站間的鏈結也是供應市場情報的重要來源。優秀的採購員能據此瞭解供應商間的業務關係，尋覓潛在的貿易機會。

目前網上已有諸多綜合性或專業性的商業信息提供網站。這些網站提供的供應市場情報往往已經過分類和整理，並且附帶相關站點，便於流覽者獲取細分市場的信息。

⑵行業聊天室，論壇

加入行業聊天室(論壇)的採購員，通常有較多機會獲取最新供應資料，例如供應商市場策略、供應企業的兼併與聯盟、合作方式等。

⑶專利數據庫

透過查找相關行業的專利情況和專利文獻，我們就能瞭解目標市場出現的最新技術和產品開發方向、技術優勢等信息。

⑷搜索引擎

各國各地區建立的搜索引擎能提供世界各地的供應情報，包括行業新聞、企業名錄、市場資源和相關統計數據等。如今，不少搜索引擎還能提供翻譯服務，幫助我們跨越語言障礙。

2.專業報紙雜誌

幾乎各行各業都有相關的報紙雜誌發行，能提供極具專業性的供應信息。我們平時就要養成透過專業出版物搜集供應情報的好習慣。平時，碰到雜誌上與本行業有關卻不能保存的好文章，採購員要把報紙雜誌的名稱、出版日期和文章標題記下來，以便日後查找。

空閒時，採購員時常查閱整理從報紙雜誌上撕下來的資料，對過期信息進行處理。正式為某採購項目搜集資料時，我們僅需選擇和採購項目有關的文章，因為不是每篇文章都有使用價值。

專業雜誌中，以《國際模具製造商情》、《國際食品加工及包裝商情》、《世界產品與技術》、《新技術》、《工業器材》等較為著名，能提供宏觀環境分析、行業統計數據、行業研究報告、大型綜合行業新聞、工廠的產量、客戶名單、技術實施等。

Nature，Science 以及 Proceedings of National Academy

Science 等專業雜誌上的學術性文章因能提供新產品的開發等信息，近年來愈發受到一些資深採購員的重視。

3.面談

面談的方式，準備工作一定要充分，才不至於浪費機會和時間，或者因手足無措、效率低下招致對方不滿。主要的準備工作是擬定步驟。

(1)確定面談對象

面談前，採購員首先要做的是備齊所需資料，確定面談目的，最好在備忘錄或筆記本上記錄談話要點，以免遺忘。

接下來，採購員再根據搜集到的相關人員名單，確定能提供所需資料的人。

(2)邀約

給陌生人打電話並提出面談要求略顯唐突，成功率也不高。而且人們通常不會給陌生來電者很多時間，僅靠幾分鐘的時間來解釋複雜的邀約事宜，難度顯然很大。

最好的方式是在致電邀約前，先由採購員發去一份電子郵件或信函，誠懇地邀請對方面談。

(3)瞭解對方

會面前，多瞭解對方的個人背景和專業，流覽其出版的新作，能夠為面談的順利進行打下良好基礎，不僅能夠幫助我們規避不必要的麻煩，表示對對方的尊重，還能讓我們及時發現對方是否有更多的信息可以提供。

(4)擬定提問清單

因為面談時間如果很短，選擇重要問題發問很有必要，事先寫

下最亟待解決或解惑的問題，對任何一次面談來說都極為重要。

(5)會面交流

面談時的節奏需要採購員牢牢把握。通常在面談進行到一半時，重要問題都應當交流完畢。談話過程中，在爭取對方同意後，採購員最好使用錄音設備和筆記。

4.圖書館

搜集特定行業的供應資料時，我們不妨向社會團體、企業甚至大學的圖書館求助。在圖書館搜索資料時，我們應注意，很多圖書館的書目分類法有弊端，電子軟體對一些最新資料的收錄往往滯後。

如果按圖書類別查找書籍而不得，我們不妨按作者名進行第二次搜索，也可以按照具體書名進行查找，總之，搜書方式要靈活。

三、整體供應市場分析

供應商管理是一個系統的管理過程，包括了供應商開發、供應商關係管理、供應商績效評估等具體實施步驟。在進行每一項步驟前，採購人員首先必須對供應市場有清晰而正確的認識。

採購人員究竟應該掌握那些與供應市場有關的知識呢？這個問題有不同的觀點，但主流的觀點是：不管採購人員需要採購的是一個有形產品還是諸如保險、廣告設計、信息技術等無形產品，都應站在一個全局的角度看待採購需求，根據自己對市場的瞭解和對產品與服務的採購經驗及知識作出具體計劃，既要瞭解供應市場還要瞭解競爭環境。瞭解了它們如何相互作用之後，採購者便可以確

定所需要掌握的有關市場知識。通常說來，採購人員應從經濟、行業、供應市場結構、供應商四個層面作分析。

1. 經濟分析

宏觀經濟環境決定了供應市場走勢。從一開始便要盡可能全面而準確地分析判斷整個世界經濟和國內經濟的發展趨勢。每年聯合國和世界貿易組織統計得出的數據可以作為國際經濟的參考標準，而國內經濟也可以透過國內生產總值(GDP)、地區失業率、生產資料價格指數、貨幣利率水準等具體指標來衡量。這些數據客觀地反映了一個國家或經濟區域的發展狀況和所處地位，但對採購人員來說光瞭解這些是不夠的，還必須多關心影響宏觀經濟環境的代表性事件，這樣才能對供應市場的變化作出正確的判斷。

2. 行業分析

採購人員必須對自己公司在所處行業有個明確的定位，也必須明確什麼樣的舉動會導致他們在行業內的成功或失敗。

例如，在電腦這種高新技術行業，不斷開發新產品並投入市場是成功的關鍵因素；相反，創新產品不是大批量生產麵包粉等基礎食品的供應商考慮的重點，而如何保證及時供應和配送才是他們最應該關心的。由於採購商在這一行業中只代表一家公司，因此他們也必須關注其他公司的採購活動，具體包括：①採購同種產品的公司有那些？②他們採購商品和服務的具體用途是什麼，是否存在替代商品和服務？③他們對價格的承受能力和本公司一樣嗎？④他們用所採購的材料或項目生產的最終產品獲取的價值是否更高？

3. 供應市場結構分析

市場結構是指一個行業中競爭者的數量、產品的相似程度以及

行業的進出壁壘等狀況。

　　供應市場結構主要分析的是市場競爭的類型。不同的市場競爭類型就要採用不同的採購方法。

　　瞭解供應市場結構有助於採購人員瞭解供應商的成本模型，能夠在談判中明確我方的優劣勢，確定利用供應商創新的可能性，及時尋求資源的替代品，並為企業的戰略計劃指明方向。

四、市場壟斷分析

　　市場結構問題本質上是一個市場中各個企業之間的競爭關係問題。在經濟學中，通常根據一些基本的標準對所有的市場進行劃分。一般地，按市場中商品的買者與賣者數量多寡、商品的差別程度、進入的自由程度和信息的完全程度，可以將市場結構區分為四種主要類型：完全競爭、完全壟斷、壟斷競爭與寡頭壟斷。

圖 11-1　市場結構分類

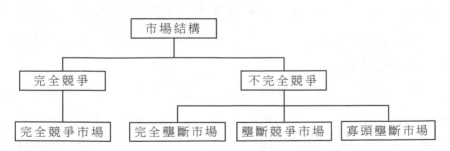

1. 完全競爭市場

　　完全競爭市場是指一種競爭不受任何阻礙和干擾的市場結構。完全競爭市場上的價格不是由某企業決定而是由行業決定，這

一價格決定後對企業而言，只能被動接受。所以，對於在完全競爭市場中的企業來說，無論它的產量增減多少，價格都不會變。

2. 完全壟斷市場

完全壟斷市場的近似例子是電力供應市場。基本上，各個區域的電力均由各地區電力公司壟斷供應。一般說來，在完全壟斷市場，只有一家公司或廠商存在，並且該市場存在很大的進入障礙。

3. 壟斷競爭市場

這類不完全競爭市場包含了壟斷和競爭的特點：市場內有多家公司或廠商和龐大數目的顧客；公司或廠商生產相似但有少許差異的商品；市場沒有進入障礙。壟斷競爭市場的一大特點就是薄利也不一定能多銷，所以保持產品或服務的「獨特性」是最重要的，形象、品牌、廣告和包裝都是賣方常用的推廣方法。娛樂服務、服飾、餐飲、旅遊市場屬於這種類型。

4. 寡頭壟斷市場

寡頭壟斷的市場結構有一點與壟斷競爭相類似，即它既包含壟斷因素，也包含競爭因素。但相對而言，它更接近於壟斷的市場結構，因為少數幾個企業在市場中佔有很大的比率，使這些企業具有相當強的壟斷勢力。

寡頭壟斷的市場存在明顯的進入障礙，但最重要的是這些行業存在較明顯的規模經濟性，銀行、保險等金融服務業以及各類石油產品市場皆屬於寡頭壟斷市場。在這種市場裏，供應商的行銷策略主要有價格競爭、提供更佳的服務、廣告、回贈禮品、發展網上服務等創新的產品和服務。若各供應商主要運用價格競爭的話，根據寡頭壟斷市場結構的推論，通常最後都是兩敗俱傷，對彼此的利益

都會有負面影響，所以各賣方會儘量避免使用價格競爭，而主要運用上述的其他策略。

　　表 11-1 是不同市場結構的特點比較，分析供應市場結構的主要目的是根據不同的供應市場結構，採購商需要採取不同的應對方式。

　　在完全競爭市場中，供應商數量多而且供應商已經基本沒有超額利潤，採購商此時應表現得非常積極，充分利用選擇權，分析和預測供應市場，保持供應市場的競爭性。採購商還應該明確供應商間的價格差別不大，由於供應商間知悉彼此的定價，而且售賣同質性的商品，價錢不可能有明顯的差異。

表 11-1　不同市場結構的特點比較

完全競爭	壟斷競爭	寡頭壟斷	完全壟斷
供應商數目眾多	多廠商	廠商為數不多	只有一家廠商
產品同質	產品異質性，但差異很少	產品異質性	只有一種產品
進出市場容易	進出市場容易	進入市場困難	幾乎無法進入市場
市場信息完全對稱	市場信息不完全對稱	市場信息不充分	信息嚴格不對稱
對價格沒有控制力	對價格有少許控制力	對價格具控制力,但擔心同業的割價報復	對價格有很大的控制力
農業、農產品	服飾、餐飲、娛樂	石油、汽車	公用事業、水、電

　　對於壟斷競爭市場和寡頭壟斷市場，採購商主要是依靠討價還價來獲得相對較好的供應服務。透過供應商和採購商彼此之間的排

名選擇,選擇合適的供應商建立～種差異性的深入合作關係,從採購量和配合程度上爭取到供應商的優先價格和服務。

對完全壟斷市場,主要是供應商對採購商的選擇。此時對採購部門來講,公司整體的實力和採購比率在總採購市場中的比率是最重要的,所以集中採購和聯合採購也許是一種可能的應對策略。

五、分析我們的採購需求

採購需求的分析就是要在談判之前弄清楚企業需求什麼、需求多少、需求時間,最好能夠列出企業物料需求分析清單。

在對採購需求做出分析之後,對資源市場進行調查分析,獲得市場上有關物料的供給、需求等信息資料,從而為採購談判的下一步提供決策依據。而目前市場調查內容如表 11-2。

在透過各種管道收集到以上有關信息資料以後,還必須對它們進行整理和分析。

· 鑑別資料的真實性和可靠性(即去偽存真)在實際工作中,由於各種各樣的原因和限制因素,在收集到的資料中存在著某些資料比較片面、不完全;甚至有的是虛假、偽造的。因而必須對這些初步收集到的資料做進一步的整理和甄別。

· 鑑別資料的相關性和有用性(即去粗取精)在資料具備真實性和可靠性的基礎上,結合談判項目的具體內容與實際情況,分析各種因素與該談判項目的關係,並根據它們對談判的相關性、重要性和影響程度進行比較分析,並依此制定出具體切實可行的談判方案和對策。

表 11-2　市場調查的內容與目的

調查項目	調查內容	調查目的
產品供應需求情況	・對於該產品來講，目前市場上是供大於求、供小於求還是供求平衡 ・瞭解該產品目前在市場上的潛在需求者，其是生產本企業同種產品的市場競爭者，還是生產本企業產品替代品的潛在市場競爭者。還要時刻注意他們對於該產品的採購價格、政策等	制定不同的採購談判方案和策略。例如，當市場上該產品供大於求時，對於我方來說討價還價就容易些；供小於求時情況則相反
產品銷售情況	・該類產品各種型號在過去幾年的銷售量及價格波動情況 ・該類產品的需求程度及潛在的銷售量 ・其他購買者對此類新、老產品的評價及要求，可以使談判者大體掌握市場容量、銷售量，從而有助於確定未來具體的購進數量	可以使談判者大體掌握市場容量、銷售量，從而有助於確定未來具體的購進數量
產品競爭情況	・生產同種所需產品供應商的數目及其規模 ・所要採購產品的種類 ・所需產品是否有合適替代品的生產供應商 ・此類產品的各重要品牌的市場佔有率及未來變動趨勢 ・競爭產品的品質、性能與設計 ・主要競爭對手所提供的售後服務方式及中間商對這種服務的滿意程度	透過產品競爭情況的調查，使談判者能夠掌握供應我方所需同類產品競爭者的數目、強弱等有關情況，尋找談判對手的弱點，從而爭取以較低的成本費用獲得我方所需產品；也能使談判者預測對方產品的市場競爭力，使自己保持清醒的頭腦，在談判桌上能靈活掌握價格彈性
產品分銷管道	・各主要供應商採用何種經銷路線，當地零售商或製造商是否聘用人員直接推銷，其使用程度如何 ・各種類型的中間商有無倉儲設備 ・各主要市場地區的批發商與零售商的數量 ・各種銷售推廣、售後服務及存儲商品的功能	可以掌握談判對手的運輸、倉儲等管理成本的狀況，在價格談判上心中有數，而且可以針對供應商售後服務的弱點，要求對方在其他方面給予一定的補償，從而爭取談判成功

六、供應商分析

在一系列有關市場的知識中,採購商最應瞭解的是有關供應商的背景知識,否則對供應商管理無從談起。對待具體供應商,我方採購人員應該做到心中有數,能隨時在腦中抽調出對某個供應商的具體印象。

我方採購員要從被動採購轉為主動採購,然而遺憾的是,至今還有許多採購人員都是坐等供應商上門,從未實地參觀過供應商的生產設備狀況,更不用說進一步瞭解供應商的供應商,要改變這種不利情況,首先就要建立具體的供應商信息庫,瞭解供應商。

1. 生產能力

供應商整體生產能力有多大,產能利用率有多高,採購商的採購量佔供應商銷量的比重有多少,都決定了供需雙方在彼此關係中的地位。採購商應該明確憑本方的採購量是否有可能成為供應商的重要或關鍵客戶。

從供應商的各種能力信息中可以瞭解供應商潛在的生產能力,從而可以預測未來需求可被滿足的程度,以及是否能提高現有需求。重要的能力具體包括:生產所採用的各種製造技術能力,品質保證、控制能力,供應商以及其密切聯繫的上游供應商的研發實力,供應商主要的財務能力及其穩健性等,這些都直接關係其現在和潛在的生產能力。

2. 獲利能力

這裏不是指對供應商進行財務分析,而是採購人員在進行採購

時，要判斷此供應商是否具有為採購商的業務增加利潤的能力。如果是的話，採購商要分析供應商對本公司業務的邊際利潤貢獻同對其他公司貢獻的差異性。供應商的獲利能力對長期持續供應的能力有潛在影響，同樣對採購商的產品創新有重大影響。

3. 資金來源

採購人員要瞭解供應商有那些資金來源，同時應熟悉這些資金的相關成本以及使用標準政策等。資金來源很重要，因為他們直接影響到供應商的運營決策，如是否需要新的製造技術，會不會支援更廣泛深入的研究和開發工作，是否會對庫存加大投資以滿足採購商不斷增長的業務需求等。

4. 業務流程

只有關注業務流程才能發現那裏耗費了大量成本，如死板的訂貨流程引起延遲等都是必須注意到的地方。有些採購人員連提供主要原材料的供應商的生產設備都不曾實地考察過，這很可能直接導致他在價格談判中處於劣勢，因為他並不知道供應商提供的那些要素是不符合事實的。

5. 管理水準和所有權

對供應商管理水準的瞭解，同樣是實現本企業長期目標的要求。對於小公司，採購人員應考慮有關供應商的所有權問題。如果供應商是家族企業，不管他們有無能力，都應該注重評估管理的潛在風險。

6. 供應商的競爭者

採購人員應該瞭解供應商把誰當做競爭對手，這有利於瞭解供應商的發展定位，也有利於採購商更好地進行供應商開發。

七、供應商的定價原則是什麼？

在實際的市場行銷活動中，供應商在販賣商品時的定價，還將根據每種產品的供應鏈模式的不同，而又有具體的不同定價方法。

表 11-3　不同供應鏈運作模式的定價方法

供應商的供應鏈類型	供應商定價原則
庫存導向型	邊際成本定價法
訂單導向型（標準件型）	1. 正推法（成本分攤） 2. 目標收益定價法（中大型設備）
訂單導向型（定制型）	價值定價法
經銷商	進貨價+目標毛利

企業的供應鏈運作模式究竟有多少種呢？下面，我們來具體介紹一下。可口可樂與富士康的供應鏈運作模式的區別在那裏？各種企業的供應鏈運作模式有四大類：

第一類：按庫存生產(MAKE TO STOCK)

這類企業的運作，是先有庫存，後有訂單。它最大的風險是僅有庫存沒有訂單。整個運作是圍繞著產品總庫存的。

例如我是可口可樂忠實的粉絲，我一般只喝可口可樂。有一天，我口渴了，我跑到店裏去，衝著店員講：「趕緊通知可口可樂公司給我生產一瓶可口可樂。」店員肯定認為我的腦子有了問題。當我口渴的時候，可口可樂早就生產出那一罐可樂並配送到那個店裏等著我去買呢。這就是「先有庫存，後有訂單」。

　　大部份的快速消費品企業都屬於庫存導向型的運作模式。它們是先有庫存後有訂單，整個的生產活動是圍繞庫存，不圍繞銷售的。我只要庫存夠，銷售從庫存拿貨，不是從我生產線拿貨。

第二類：按訂單生產組裝(MAKE TO ORDER)

　　這類企業是先有訂單，後有生產、組裝。它們的成品是不備庫存的。但是，原材料是準備好的，半成品也是準備好的。客戶不下單，它最後一步或兩步沒法做。

　　例如一家企業是做汽車的。他把什麼都做好了，就是不噴漆，車內裝飾也不做，客戶要什麼色，他就給噴什麼色，這類企業成品是沒有庫存的，最多有的是原材料和半成品，有些東西他想做，但是客戶沒有下單他也做不了。

第三類：按訂單採購並生產(MAKE TO Purchase)

　　這類企業的供應鏈運作模式是「客戶下了單企業才能去採購」，如果單不下，企業都不知道要買什麼東西。

　　舉個例子，我有個朋友公司做工作服的。工作服的款式都是事先準備好的。但不同的客戶要的布料是不一樣的。客戶不下單，企業就不能去採購。

第四類：按訂單設計、採購並生產(MAKE TO DESIGN)

　　這類企業的供應鏈運作模式是客戶下了單企業才開始設計，設計完了才去採購、再生產。最典型的就是廣告印刷業，它就屬於第四種。

八、供應市場調查報告書的結構

調查完供應市場，採購員需要撰寫此份調查報告，反映市場的過去、現狀、經濟狀況與條件並且決定必要的行動方案。寫作時，一些事項是我們必須牢記的。

市場調查報告有其規範結構，此結構通常包括標題、目錄、摘要、簡介、正文、總結和建議、附件等部份，每一部份都要規範、合理。

(1)標題

市場調查報告的標題通常獨佔一頁。標題形式不一，正標題一般可以由調查單位名稱、調查內容、調查區域三者組成，也可以說明調查對象和調查對象狀況，僅註明調查對象、調查對象狀況和文種的標題也頗受歡迎。但是，我們必須記住，標題中的調查對象不得省略。

為追求排版的美觀，在正標題之外，還可以加上副標題或眉題，以便告知調查的委託者、執行者、作者、報告完成日期等事項。標題頁上還可以標明調查編號、機密等級等內容。

(2)目錄

倘若我們所撰寫的調查報告篇幅較短，那麼目錄可以省略，撰寫者僅需在報告正文中註明小標題。但是，如果調查報告的頁數過多，那麼目錄就必不可少的。目錄通常單獨佔一頁，需要列出各章節的小標題及所在頁碼。如果報告中插有附件，則可放置在目錄的末尾，以便查詢。

(3) 摘要

摘要也叫前言，字數通常在 1500 字以內，能夠概要點明本次調查的依據、目的、對象、時間、地點、範圍、方式和方法等，並給出一些概括性的調查結論及建議，譬如市場供應量、銷售價格、產品性質、銷售前景、競爭企業等。

寫概要時，採購員應假設閱讀者不知曉其他任何相關資料，並將摘要作為完整、簡短的獨立性文件來謹慎寫作。因為高層管理者通常只有時間流覽一篇報告的概要，並據此確定調查者的努力程度和工作成績。

(4) 簡介

簡介又叫說明，字數一般不超過 4000。其寫法靈活多樣，有的開門見山，表明觀點，有的提出問題，引入思考。一般而言，完整的簡介包括調查背景、目標、方法說明、資料定義、重點式的供應市場分析結論、供應市場的機會和阻礙（SWOT）分析、簡短供應商名單等內容。

其中，調查背景即採購企業面臨的問題。目標指透過調查需要取得的成果，譬如解決的問題；方法說明包括抽樣方法、有效樣本數量等內容。

為提高可信度，我們最好在簡介中對專業名詞加以註釋、定義，或為資料註明來源。此外，報告使用者、調查執行者的聯絡方式與位址、供應市場調查所涵蓋的技術範圍、相關的商品以及商品經理人的姓名等內容也可以放入簡介中。

(5) 正文

供應市場調查報告的正文部份往往由三部份組成：宏觀環境、

市場供給和採購情況。在每部份中,我們都可以依據情況歸納、分析和建議的步驟對調查所得資料進行處理。為將每部份都進行清晰解剖,通常需要在正文中安排許多章節,並配以大量圖表說明。

情況歸納即是對調查所得資料進行分門別類的陳述;分析是指報告寫作人對調查所得資料的提煉、發現的情況和所得結論等;建議部份通常放在調查正文的末尾,是作者對讀者提出的問題解決技巧和建議讀者採取的措施。

我們不妨在每章開頭都作一簡短的說明,然後分小節列出情況以及相關分析,將情況部份和分析部份完全合寫(即邊介紹情況邊分析)也不失為一個好方法。

分析資料時,一些新採購員由於缺乏經驗,不知道如何分析材料。在這裏筆者為大家介紹兩個技巧:一是先介紹數據資料及背景資料,再引出對情況、觀點的總體看法或者為找出解決之道作好鋪墊;二是先肯定事物的某個方面,由肯定的一面引申出更深層次的分析,最後直接引出結論。

需要注意的是,在分析過程中我們會獲得很多發現,但並不是每一項發現都是我們需要的。採購員必須秉持原則,只寫下有用的結論。

⑹總結和建議

總結部份有時也被稱為建議。正文結束後,我們可以自然收尾,也可以寫下總結和策略建議。

主要結論是對全文的觀點進行概括式的總結,指出供應商數量、選擇準則、基本資料、技術層次(可列表比較)、行動方案以及調查報告的存放地點,或說明調查中存在的問題、主要傾向等情

況，也可以將風險預測結果以及相應對策放在這部份。

策略建議則是從宏觀策略、中觀產業、微觀企業等角度對調查報告的使用者提出建議。用於決策參考的調查報告，還應在總結和建議部份的末尾填寫撰寫人姓名、部門以及報告完成的時間。

(7)附件

附件通常被用於說明信息來源，通常包括調查問卷、調查過程中的受訪供應商名單、供應商拜訪參觀報告以及其他任何有價值的資料。

九、撰寫調查報告書的案例參考

下面就是一篇供應市場調查報告的正文概述，可作參考。

①某供應行業宏觀環境概述

說明全球或區域性的經濟環境時，我們可以按以下方面來進行。

- 該行業國內外發展現狀對比，包括全球發展重點區域、發展階段及週期、國內外行業發展現狀對比等項目；
- 該行業在本國的產業鏈模型介紹及分析（包括主要環節和各環節傳導機制）；
- 該行業主要細分產品及相關技術標準，如品質、供應量、品種、規格、用途、功能、使用週期以及競爭力等；
- 該行業產品的主要應用領域及替代品；
- 該行業的技術發展分析，包括對技術應用現狀、國內外技術差距對比的分析以及最新技術發展前沿展望；

· 對宏觀供應市場的「波特五力模型」分析。

②本年度的國外供應情況分析

· 本年度國外產品供應宏觀情況,如市場基本規模、主要供應
企業分析;

· 本年度國外產品採購宏觀情況,如需求結構、採購特點及市
場佔有率;

· 未來國外市場的供需情況預測。

③國內該行業情況簡介(本年度)

· 本年度國內市場產品供給概況分析,如主要貨源(主要產
區、產區特點、儲量、實際可供量及佔需求總量的比例)、
市場供應趨勢及影響要素分析(根據近年來的真實資料)、該
年度該供應行業新增產能分析(新增產能分佈狀況、該年度
市場整體產能分析);

· 本年度國內該行業的採購概況分析,如區域消費市場分析、
市場需求趨勢及影響因素、該年度主要需求行業及需求結構
變化;

· 國內主要供應商分析(選取 2 或 3 家實力強勁的公司,從企
業財務指標、產銷量以及競爭策略等方面對其實施調研),
如國內重點供應企業、本年度本國該行業的重點在建或擬建
項目(從新項目的區域分佈、規模來分析)、產品的未來國內
供需格局預測(從市場供給預測、採購預測以及影響供需結
構的因素等方面)。

④國內市場價格走勢及影響因素分析

· 近年國內產品價格回顧,如某兩年間價格走勢整體趨勢分

析、影響該階段價格走勢的主要因素分析（政策、經濟、技術、偶然因素及其他因素等）；

· 本國該行業經銷模式分析，如管道、定價機制等。

⑤本國該行業的進出口市場分析及趨勢預測

· 世界各地的自由貿易市場分析；

· 近年國內產品進口數據分析，如進口價、數量等；

· 該年國內產品出口數據分析，如價格、數量等（以便與進口情況作對比）；

· 下階段（如接下來的兩年）國內產品的進出口市場未來發展預測分析（可以從機會和阻礙兩個方面）。

⑥下階段該供應行業的上游行業對供應價格走勢的作用

· 產品主要原材料構成；

· 主要原料的近年供應價及供應情況，包括對價格浮動趨勢、原料行業產能及供給狀況的分析；

· 未來幾年間主要原材料未來價格及供應情況預測（不僅預測價格、供應量，還預測上游原料產業的議價能力及其對採購企業的依賴程度等）。

⑦未來幾年間國內市場整體趨勢預測

· 市場盈利預測（包括對該供應行業主要財務指標、市場盈利趨勢及影響因素的分析）；

· 本國生產、行銷企業的運作模式；

· 外銷與內銷優勢分析。

第 *12* 章

針對供應商的價格分析

　　對於採購方而言，原材料或零件的價格都會影響到產品的製造成本，最終影響企業產品的價格及其競爭力。因此，進行產品供應價格分析、加強價格協商以及供應成本控制工作，就顯得至關重要。

　　供應價格與成本管理，是供應商管理的重中之重。對於採購方企業而言，任何一項原材料或零件的價格都會影響到產品的製造成本，最終影響企業產品的價格及其競爭力。因此，進行產品供應價格分析、加強與供應商的價格協商以及做好供應成本的控制工作，就顯得至關重要。

　　供應最適價格並非是最低價格，而是最恰當的價格。

　　若對供應價格要求太低，勢必會降低發包品的品質、延遲交期以及改變其交易條件；如果供應價格過高，則會增加供應成本，影響產品利潤。

　　企業要進行供應價格分析，尋求最適價格（在既定的品質、交

期或其他交易條件下，最低的供應價格便是最適當的供應價格）。

一、影響供應商的價格因素

1. 採購商品的供需關係

當企業所採購的商品，是供過於求時，則採購方處於主動地位，通常可以獲得最優惠的價格；當需要採購的商品為緊俏商品時，則供應方處於主動地位，價格可能會趁機被抬高。

2. 採購商品的品質

企業對採購商品的品質要求越高，採購價格就越高。採購人員應在保證物品品質的情況下，而追求價格最低。

3. 採購商品的數量

商品採購的單價與採購的數量成反比。供應商為了謀求大批量銷售的利益，常採用價格折扣的促銷策略。所謂價格折扣是指當採購方採購數量達到一定值時，供應商適當降低商品單價。因此大批量、集中採購是一種降低採購價格的有效方法。

4. 交貨條件

包括承運方的選擇、運輸方式、交貨期的緩急等。如果商品由採購方承運，則供應商會降低價格；反之，價格將提高。

5. 供應商成本的高低

供應商所供應商品的成本是影響採購價格最根本、最直接的因素。因此商品的採購價格一般在供應商的成本之上，兩者之差即為供應商的利潤，而供應商的成本是採購價格的底線。

6.付款方式

合適的付款方式能降低採購價格,因為現金的高流轉性對每個企業都很重要。

7.供應商對採購商的依賴程度

採購商在供應商心中位置是否重要很關鍵,採購量大或佔其業務比例大的採購商,是供應商不會輕易得罪的重要客戶,價格自不會高。

8.專利技術、非通用性和壟斷性

與上一條相反,因這三個因素影響,這些供應商知道只要價格不是高得太離譜,還是要向其採購的。他們偶爾還是會作些讓步,不過利用一些時機又會將價抬高。

9.價格談判能力

談判能力的高低直接影響採購價格,因而採購員應加強學習和鍛鍊以提高談判能力。

10.對市場信息行情的分析判斷

採購對市場行情瞭解不夠、對價格趨勢分析不正確、對成本分析不透徹,均可能造成價格的偏高。

11.與供應商的溝通及理解

加強與供應商的交流,要多理解他們對自己公司關於價格、付款等方面的抱怨,有時主動請他們吃頓便飯,這樣能在價格上爭取主動。

12.公司的商業信譽

良好的商業信譽能促進供應商對公司的認同感,良好的心態自不會報出離譜的價格。

13.直接採購和間接採購

量不大的情況下直接向製造商採購，不一定能獲得低於中間代理商的報價。直接向主營商家採購，其價格自會低於製造廠家的獨家代理商的價格。

14.交貨期

加急採購交貨期短，可能會帶來價格的偏高。

15.採購員的責任心

採購員責任心不強、詢價隨便、議價慾望不強，會帶來採購價格偏高。

16.商業賄賂

收受回扣肯定會帶來採購價格的偏高。

當供應商提出回扣一事時，向供應商表明自己的拒收立場，或者直接告知對方我公司老闆根據績效考評會給自己獎勵，這樣對方報價就不會再偏高了。因為他明白報高了就可能失去客戶。

二、供應商如何定價

影響供應商定價的因素，基本上有三類因素在左右著定價決策。

1.供求關係和市場因素

對於競爭激烈的產品，價格是一種重要的調劑手段，企業必須考慮比競爭對手更為有利的定價策略，這樣才能獲勝。如在前面分析的供應市場一樣，在此作一下簡單回顧：

完全競爭市場的價格是在競爭中由整個行業供求關係自發決

定的,每個人都只是既定價格的接受者,而不是價格的制定者,因此無所謂定價問題。完全壟斷市場由於壟斷企業控制了進入這個市場的種種要素,所以它能完全控制市場價格。壟斷競爭市場價格是在激烈的競爭環境中形成的,每一個經營者都是它的產品價格的制定者,都有一定程度的定價自由。寡頭壟斷企業不能隨意改變價格,只能相互依存。因為任何一個企業的活動都會導致其他幾家企業迅速的反應,從而難以奏效。所以寡頭壟斷的情況下,彼此價格接近,企業成本意識強。

2. 產品成本

任何企業都不能隨心所欲地制定價格。某種產品的最高價格取決於市場需求,最低價格取決於這種產品的成本費用。從長遠來看,任何產品的銷售價格都必須高於成本,只有這樣,才能以銷售收入來抵償生產成本和經營費用,否則無法繼續經營。因此,企業制定價格時必須估算成本。

供應商生產成本可以認為「基於成本的定價」也是不夠準確的,這主要是因為生產成本中包含了對管理費用和利潤的分攤,但企業恰恰可以利用這一點來靈活定價增進利潤。例如:產品一和產品二都以 18 元銷售,但產品一的固定成本佔產品成本的 90%,而產品二只佔 10%。這裏的固定成本即可以認為是一般管理費用,是不隨產量變化而直接發生變化的。這樣一來,銷售價格變化對兩者的利潤率影響會不同。

3. 顧客認同價值

顧客感知的產品價值也會影響企業定價,因為決定市場定價的因素除了產品本身外還包括了產品的使用價值。認同價值定價是基

於顧客對相對價值的認識而不是基於對成本的認識。

　　一個新產品一開始定價偏高是因為它在市場中稀少，顧客認為新產品往往技術先進，認同它的高價定位，而隨著市場擴大後，新產品淪為普通產品時，它的定位也會隨之降低。這就是針對顧客心理的取脂定價策略，即指新產品上市初期，定價較高，以便在較短的時間內獲得最大利潤，因與從牛奶中撇取油脂相似而得名。此類定價產品多為還沒有引起激烈競爭的新上市產品或是擁有市場壟斷權的專利產品。高利潤將引發產品生產追隨者，導致激烈的競爭，此法多適用於產品生命週期的初始階段。例如 Intel 的個人電腦晶片，新晶片投入市場時往往價格很高，而後逐步降價。美國杜邦公司也是這一定價策略的一個主要運用者。

　　當然生產企業也可以有不同的定價策略，如一開始就設定一個較低的價格來達到市場滲透的目的，這就是滲透定價策略。這種策略適用的市場條件是目標市場必須對價格敏感；生產和分銷成本必須能隨銷量的擴大而降低。這種價格策略較易打開產品銷路，擴大銷售量；不足之處在於投資回收期較長，通常作為一種長期的價格策略。

三、建立價格信息體系

　　凡是將採購成本控制很好的企業，都有一個非常完善的價格信息體系，既能確保降低成本的效果，又能提高採購的效率。

　　「砍供應商的價格」意味著降低採購成本，而要降低採購成本，首先要建立起採購的價格信息體系。

1.為什麼要建立價格信息體系

(1)有助於找準降低採購成本的項目

有了價格信息體系,才能找準方向用對力,在採購成本控制上做到事半功倍。

(2)有助於在價格談判中爭取主動

談判雙方誰掌握的價格信息最完整、最充分,誰就能掌握主動,談判的力量就會最強大。

(3)有助於追求最低的採購總成本

企業不僅要關注採購價格,更要關注採購總成本,並且以總成本最低為導向來指導採購。價格信息體系的建立有助於達到這一目的。

關注採購成本,就不得不提到沃爾瑪百貨公司。沃爾瑪公司經營超市百貨業,行業的利潤水準不高,而沃爾瑪又提倡「天天平價」。要做到「天天平價」,就必須想盡一切辦法降低成本,其中包括採購成本。為此,沃爾瑪建立起了完善的採購價格信息體系。

無論採購什麼商品,沃爾瑪都堅持盡可能從廠家進貨,減少中間環節對利潤的掠奪。在與廠家談判價格前,沃爾瑪會作充分的準備,不僅對各種商品不同貨源的價格瞭若指掌,而且對其價格構成也非常清楚,並且進行了至少 10 個以上貨源的橫向比較。那怕是買幾分錢的杯子,也會這麼做。

很多企業都樂意跟沃爾瑪做生意。為什麼呢?因為一旦產品進入沃爾瑪的銷售系統中,銷量會增加很多,對產品銷售以及品牌建設也有好處。但是不少企業又很怕跟沃爾瑪做生意。

為什麼呢？因為沃爾瑪會把價格砍得很低。

沃爾瑪為什麼能在討價還價的時候把價格壓得很低呢？就因為它建立了一個非常完整的價格信息系統。沃爾瑪商場裏大約有六萬多種商品，對它所賣的每一種商品，都有自己的一套價格信息系統，所以要買什麼它都心裏有底。例如在這個市場上，商品有那些貨源？價格是多少？價格的變化趨勢如何？價格的構成怎樣？沃爾瑪的底線在那裏？最可能成交的價格是多少？它都非常清楚。正因為此，在跟交易對方談判的時候，可能比對手還清楚商品的價格信息。

試想一下，如果你是沃爾瑪的供應商，當你面對至少掌握了 10 個以上不同貨源的商品價格信息的沃爾瑪採購人員時，誰將在談判中勝出呢？

2. 建立價格信息體系的三種方式

(1)建立價格網路收集系統

首先要建立一個價格網路收集系統，Internet 的發展為我們提供了技術上的可能。

這些網站能提供相當豐富的價格信息，有些甚至是非常權威的官方信息，可以作為交易雙方共同遵守的價格基準。例如澱粉網，通常每週更新澱粉價格行情，行業內相關企業大多以網上價格作為交易的基準價。

網上價格信息也有不足之處，例如覆蓋面不夠廣、實效性比較差、真實性與可靠性難以確保，所以有時候從 Internet 上也不一定能收集得到真正有用的價格信息。

但是每個公司所要採購的物品有很多種，網路收集系統總能夠

帶來方便快捷的幫助。

⑵建立價格諮詢系統

第二種方式就是建立價格諮詢系統。

現在有一些專業的市場調查公司，可以提供價格信息服務。在開發新產品、確定目標成本或者目標售價的時候，需要充分瞭解競爭對手的成本或者價格信息，但這些信息往往難以獲得，此時市場調查公司就可以利用它們專業的管道採集相關信息來提供幫助。

價格諮詢系統提供的信息可靠性高，覆蓋面廣，但耗時較長，需要支付的費用也較高。

四、供應商的成本構成

分析供應商的報價金額，即對供應商提供的報價資料，包括製造技術、品質保證、工廠佈置、生產效率及材料損耗等，逐項作審查及評估，以確保供應價格的合理性。

圖 12-1　供應價格的構成

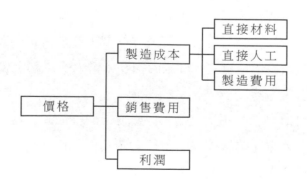

外包品或任何一件產品價格的構成如圖 12-1 所示。在進行報

價分析時，必須對構成製造成本的直接材料、直接人工、製造費用加以分析，然後再估計銷售費用與正常利潤，如此才能得出合理的估價。

1. 製造成本的估計

製造成本包含直接材料、直接人工、製造費用 3 個項目。製造成本的內容及說明如表 12-1 所示。

表 12-1　製造成本的內容及說明

項目	內容	說明
直接材料，即原材料費用	直接用於產品生產、構成產品實體的原料、主要材料以及有助於產品形成的輔助材料的費用	主要包括原材料或主要材料、輔助材料、外購半成品、燃料、包裝物以及其他材料的費用
直接人工，即生產薪資及福利費	直接參加產品生產的工人薪資及按規定計算的福利費	主要包括直接生產工人的薪資、獎金、津貼、補貼、福利費等
製造費用	直接或間接用於產品生產，但又不便於直接計入產品成本，以及沒有專設成本項目的各項費用	主要包括生產管理人員的薪資及福利費、辦公費、差旅費、生產用固定資產的折舊費、機器設備的修理費、水電費、運輸費等

(1)直接材料的成本估計

直接材料成本，由材料單價與材料使用量決定，其計算公式為：直接材料成本＝材料單價×材料使用量×（1＋損耗率）。

材料單價雖然會隨市場價格的波動而波動，但在一段時期內，材料單價在市場上很容易求得。而計算材料使用量時，要將生產過

程中的材料損耗計算在內。

⑵直接人工的成本估計

直接人工成本可根據人工人均每小時的生產量來計算。從中可求得每單位產量平均所耗用的工時，進而換算出每單位產品平均耗用的薪資，即直接人工成本。

其估算方法為：①算出每單位產品的標準工時，乘以薪資率即得。②用每天的生產總量去除每天花費的直接薪資而求得。

⑶製造費用的成本估計

製造費用包括間接材料、間接人工、機械設備折舊、工廠動力及電力、房屋廠房折舊、保險費、雜項工廠費用等，這些費用的估算方法如下：①將製造費用中的各項費用分別予以估計，再進行匯總，然後將總製造費用除以生產量，即為每單位產品的製造費用。②根據經驗或歷史資料，推測製造費用佔製造成本的比率，進而求得製造費用。

2.銷售費用的估計

供應商的管理效率與銷售政策對銷售費用有很大的影響。在作決定時，常以銷售費用佔製造成本的百分比而定。其計算公式為：銷售費用＝製造成本×銷售費用佔製造成本的百分比。此外，銷售費用可以從供應商的銷售預算中獲得。

3.利潤的估計

利潤可分為超額利潤與正常利潤兩種。當企業運營情況優良時，企業就會產生正常利潤或超額利潤。超額利潤就是一般所說的「暴利」，它主要存在於下列幾種情況：

· 賣方市場，供不應求。

· 產品受專利保護，賣方沒有強力競爭對手。

· 壟斷行業。

· 買方對市場缺乏瞭解，對賣方的售價未進行分析便認可。

正常利潤即企業為了持續發展所應賺取的利潤。當然，如果企業運營不佳，可能連正常利潤也難以保證，此時，便會有虧損（負利潤）的情形發生。

企業可依據市場行情以及供應商在該行業所處的地位，對供應商報價中的利潤進行合理預估。

供應商利潤即企業銷售產品的收入扣除成本價格和稅金以後的餘額，供應商成本消耗是固定的，但利潤目標卻是靈活的。供應商的目標是儘量提高銷售價格，以便使供應商的利潤獲得足額空間。採購員為了降低採購的成本，目的是儘量壓縮供應商利潤空間。供應商利潤空間成為雙方的焦點。

圖 12-2　供應商利潤空間構成

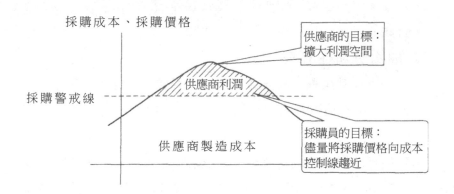

五、如何分析採購材料成本

企業要降低採購材料的價格,就要先做好採購材料成本的分析。

1. 成本分析的適用情形

⑴採購人員要求進行成本分析時,通常適用於以下情形:

· 底價制定困難。

· 無法確定供應商的報價是否合理。

· 採購金額巨大,成本分析有助於將來的議價工作。

· 運用標準化的成本分析表,可以提高議價的效率。

⑵增進成本分析能力的途徑:

· 利用自己的工作經驗。

· 向廠商學習(瞭解他們的制程)。

· 建立簡單的制度,如成本計算公式等。

· 養成分析成本、比價和議價的觀念。

2. 成本分析工作點

成本分析也就是查證前述各項資料的虛實,包含了兩項工作:

必要時,可查核供應商的賬簿和記錄,以驗證所提供的成本資料的真實性。

指對供應商提出的成本資料,就技術觀點做出評估,包括製造技術、品質保證、工廠佈置、生產效率及材料損耗等,此時採購部門需要技術人員的協助。

成本分析是指就供應商所提供的成本估計,逐項進行審查及評

估，以求證成本的合理性與適當性。

成本分析中應包括下列的項目：

· 工程或製造的方法。

· 所需的特殊工具、設備。

· 直接及間接材料成本。

· 直接及間接人工成本。

· 製造費用或外包費用。

· 行銷費用及稅金、利潤。

總之，成本分析應包括所有各項成本細目，並且應審查各細目數字是否合理，以及製造費用的分攤是否適當。最好的成本分析方式是編制一份詳細的成本估計，將其與供應商所提供的成本資料逐項查對，不要完全以供應商所提供的資料為依據，以致議價效果不明顯。

六、瞭解供應商的定價策略

一般來說，供應商為賺取利潤而採取的定價原則，可分為三類：需求定價法、成本定價法和競爭定價法。

1. 需求定價法

需求定價法是以消費者需求為依據制定價格的一種定價方法。企業定價時注意到市場需求的強度和消費者的價值觀，根據目標市場消費者所能接受的價格定價。具體方法有：習慣定價法、理解定價法和逆向定價法等。

習慣定價法是指企業考慮並依照長期被消費者接受和承認的

價格來定價的一種方法。理解定價法是根據消費者對商品價值的理解，即商品在消費者心目中的價值觀念所決定的定價法。這種定價不是以賣方的成本為基礎，而是以買方對商品的需求和價值的認識為出發點，企業運用銷售推廣因素影響消費者，使他們在想法上形成一種價值觀念。然後，根據這種價值觀念制定價格。

例如，一瓶啤酒在超市售價為 50 元，在某高級酒店或歌廳就可能售價為 200 元。運用理解價值定價法的關鍵是，要把自己的產品同競爭者的產品相比較，找到比較準確的理解價值。因此，在定價前必須做好行銷調研工作，否則，定價過高和過低都會造成損失。如果定價高於買方的理解價值，顧客就會轉移到其他地方，企業銷售額就會減少；定價低於買方的理解價值，又必然使收入減少，企業也同樣會遭受損失。逆向定價是指企業根據消費者能夠接受的最終銷售價格，計算自己從事經營的成本和利潤後，逆向推算出產品的批發價和出廠價。

2.成本定價法

成本定價法是指以商品的成本為基礎，綜合考慮其他因素制定價格的方法。它包括成本加成定價法、變動成本定價法和盈虧平衡定價法等。就採購者而言，成本法提供了一定的機會，使其可以尋求成本較低的供應商，考慮成本較低的替代品，並能夠對價格高於直接成本的部份進行分析。

(1)成本加成定價法

成本加成定價法是指在單位總成本的基礎上加上預期利潤的定價方法，也叫補償定價法，其價格在補償了固定成本和可變成本後還能保證一定的利潤。此方法多用於零售業，加成的比率因商品

不同有很大差異。運用成本加成法並不一定能制定最佳價格，因為它忽視了市場需求和競爭。儘管如此，加成法在零售業還是被廣泛採用的。

其優點是：把成本與價格直接掛鈎，簡化了定價手續；同行企業內可緩和價格競爭；供應商「將本求利」可保持合理收益，供應商也不致因需求強烈而付出高價。但這種定價方法只考慮企業行銷的個別成本，忽視了商品的社會價值和市場的供求狀況，缺乏靈活性，難以適應市場競爭形勢。

其計算公式為：

單位產品價格＝（單位固定成本＋單位變動成本）×（1＋預期利潤率）

＝單位產品總成本＋單位產品預期利潤

(2)變動成本定價法（邊際貢獻定價法）

變動成本定價法是指在定價時只計算變動成本，而不計算固定成本的一種定價方法。採用變動成本定價法的商品一般價格較低，通常在市場競爭激烈時採用該定價方法。

其計算公式為：

單位產品價格＝單位變動成本＋單位成本邊際貢獻

這種定價方法可解決暫時由於平均成本較高而引起的商品滯銷問題，也可鞭策企業提高效率，迅速降低成本。

(3)盈虧平衡定價法

盈虧平衡定價法是用盈虧均衡點的原理來定價的一種方法，盈虧均衡點又稱盈虧分界點、保本點。

其計算公式為：

　　單位產品價格＝單位變動成本＋單位固定成本

　　除上述三種成本定價法以外，有時供應商可能無法計算清楚真實的生產成本，於是採用簡單定價法，供應商先計算與某種產品相關的直接成本，然後在此基礎上增加一個百分比，從而確定一個定價。這個增加的百分比用於補償間接成本與其他固定成本並獲得利潤。這種定價法簡化了定價過程，使用的是估計成本，沒有考慮真實成本。

　　在經濟增長遲緩期，供應商可能會採取存活定價法，也稱為買入定價法，目的是在需求較低時期取得收益，或從競爭者那裏「奪取」市場佔有率。此法確定的價格大於可變成本，但對補償固定成本和獲取利潤作用不大。供應商僅是運用此法來獲取業務度過銷售低迷期，而無意長期保持這種低價。

　　成本法制定的價格與需求定價法制定的價格相比，前者提供的單位利潤減少，但在有較強的競爭者進入市場的情況下，較低單位利潤可能會為具有潛在「大規模市場」的產品帶來相當高的銷售量，從而不減少利潤總額。這種定價法還可以抬高行業進入壁壘獲取壟斷地位。當然買方也需要注意賣方運用此法的真正意圖，是真的希望以低利潤的價格獲得高市場佔有率，還是想消滅競爭者從而獲得壟斷地位以求以後有資格抬高價格。

3.競爭定價法

　　競爭定價法是以競爭者的同類商品的價格為主要依據，充分考慮自己的商品競爭能力，來確定價格的方法。其具體方法有隨行就市定價法和投標定價法等。

　　隨行就市定價法是根據本行業平均定價水準作為企業定價標

準的一種方法。這種方法應用很普遍。因為有些產品的需求彈性難以準確地計算，隨行就市定價可反映本行業的市場供求狀況，也可保證適當的收益，同時還有利於處理好與同行的關係。由於價格由市場決定，並且可能不與成本直接相關，此時採購人員必須接受市場上的現行價格，或者找到避開這些價格的方法。如果不能直接影響價格結構，選擇那些願意提供非價格激勵的供應商仍然是可能的。這些非價格激勵包括保管存貨、提供技術和設計服務、品質優良、交付條件好、運輸條款優惠等。這時，談判是除價格以外各種要素的核心。

密封投標定價法是採購商引導賣方透過競標成交的一種方法，通常擁有建築工程外包、大型設備製造、政府大宗採購等。一般是由採購商公開招標，供應商競爭投標，密封遞價，採購商按物美價廉的原則擇優選取，到期公佈「中標」者名單，中標企業與採購商簽約成交。投標遞價，主要以競爭者可能的遞價為轉移。價格低於競爭者，可增加中標機會，但不可低於邊際成本，過低則不能保證適當收益。因此，投標企業通常要計算期望利潤，以期望利潤最高者作為遞價依據。

七、企業要建立採購管理的基礎工作

採購工作主要是和外界廠商打交道，如果企業不制訂嚴格的採購制度和程序，不僅採購工作無章可依，還會給採購人員提供暗箱操作的溫床。

1. 建立嚴格的採購制度

建立嚴格完善的採購制度，不僅能規範企業的採購活動、提高效率、杜絕採購人員的不良行為。採購制度規定物料採購的申請、授權人的權限、物料採購的流程、相關部門的責任和關係、各種材料採購的規定和方法、報價和價格審批等。

例如，可在採購制度中規定採購的物品要向供應商詢價、列表比價，然後選擇供應商，並把所選的供應商及其報價填在請購單上；還可規定超過一定金額的採購須附上三個以上的書面報價等，以供財務部門或內部審計部門稽核。

2. 建立供應商檔案和准入制度

對正式供應商要建立檔案，供應商檔案除有編號、詳細聯繫方式和位址外，還應有付款條件、交貨條款、交貨期限、品質評級、銀行帳號等，每一個供應商檔案應經嚴格的審核才能歸檔。企業的採購必須在已歸檔的供應商中進行，供應商檔案應定期或不定期地更新，並有專人管理。同時要建立供應商准入制度，重點材料的供應商必須經質檢、物料、財務等部門聯合考核後才能進入供應商檔案。如有可能要實地到供應商生產地考核。企業要制訂嚴格的考核程序和指標，要對考核的問題逐一評分，只有達到或超過評分標準者才能成為歸檔供應商。

3. 建立價格檔案和價格評價體系

採購部門要對所有採購材料建立價格檔案，對每一批採購物品的報價，首先與歸檔的材料價格進行比較，分析價格差異的原因。如無特殊原因，原則上採購的價格不能超過檔案中價格水準，否則要作出詳細的說明。對於重點材料的價格，要建立價格評價體系，

由公司有關部門組成價格評價組，定期收集有關的供應價格信息，來分析、評價現有的價格水準，並對歸檔的價格檔案進行評價和更新。這種評議視情況可以一個季或半年進行一次。

4. 建立材料的標準採購價格

對所重點監控的材料應根據市場的變化和產品標準成本定期定出標準採購價格，促使採購人員積極尋找貨源，貨比三家，不斷地降低採購價格。標準採購價格亦可與價格評價體系結合起來進行，並提出獎懲措施，對完成降低公司採購成本任務的採購人員進行獎勵，對沒有完成採購成本下降任務的採購人員，分析原因，確定對其懲罰措施。

八、向供應商詢價的技巧

詢價是採購作業流程上的一個必要階段，為降低採購成本做好準備工作。好的詢價方法可以大幅降低商品成本。在接到請購單，瞭解目前庫存狀況及採購預算後，通常最直接的反應就是馬上聯絡供應商。為了避免日後造成採購與供應商各說各話，以及在品質認知上的差異，對於詢價時所應提供資料的準備上就不能馬虎。因為完整及正確的詢價文件可幫助供應商在最短的時間提出正確、有效的報價。一個完整的詢價文件至少應該考慮包括下列幾個主要的部份：

1. 詢價項目的品名與料號

首先，詢價項目的品名以及料號是在詢價單上所應必備的最基本資料。供應商必須知道如何來稱呼所報價的產品，這即是所謂的

品名以及其所代表的料號,也是買賣雙方在日後進行後續追蹤時的一個快速查詢以及檢索的依據。料號因為在每個客戶中有其獨特的代表性,在使用上要特別注意其正確性。

2. 詢價項目的數量信息

數量信息的提供通常包括年需求量、季需求量甚至月需求量;不同等級的需求數量;每一次下單的大約訂購數量;或產品生命週期的總需求量。除了讓供應商瞭解需求量及採購的形態外,也可同時讓供應商分析其自身生產能力是否能應付買方的需求。

3. 詢價項目的規格書

規格書是一個描述採購產品品質的工具,應包括最新版本的工程圖畫、測試規格、材料規格、樣品、色板等有助於供應商報價的切信息。

4. 詢價項目的品質要求

表達詢價項目品質規範要求的方式有許多種,通常可以使用以下幾種方式呈現。由於很難單獨使用一種方式便能完整表達對產品或服務的品質要求,所以應該依照產品或服務的不同特性,綜合使用數種方式來進行:

- ·品牌　　·同級品　　·商業標準
- ·材料與製造方法規格　　·性能或功能規格
- ·工程圖畫　　·市場等級　　·樣品　　·工作說明書。

5. 報價基礎要求

報價基礎要求通常包括報價的幣值與貿易條件,國內買賣比較單純,貿易條件不是以出廠價就是以到廠價(運費是否內含則另議)來計算。國際貿易就比較複雜,在報價幣值方面供應商多半以美元

為計價基礎，至於是否以採購當地幣值計價，則視匯率的穩定與否有彈性的做法。

6.買方的付款條件

有關付款條件，雖然買賣雙方都有各自的公司政策，但是買方希望付款時間愈晚愈好；相反，賣方當然是認為愈早愈好。買方有義務讓賣方瞭解其公司的付款條件；賣方也可在報價時提出其不同的要求，最後的付款條件則需買賣雙方經協議後確定。

對於付款條件需要明確註明其時間計算的付款起算日。

7.交期要求

交期的要求包括買方對採購產品需要的時間、賣方需要多少時間來準備樣品、第一批小量生產及正常時間下單生產所需要的時間。供應商雖然可依買方的要求來配合，不過交期的長短關係到採購產品的價格，買方應視實際需要提出要求，而非一味地追求及時供貨。

8.包裝要求

包裝方式在供應商估算價格時佔有很大的一個比重，除了形狀特殊或體積龐大的客戶定製品外，供應商對於包裝都有其使用的標準紙盒、紙箱以及棧板等包裝材料。如果沒有另外提出特殊的包裝要求，供應商都會以其標準的包裝方式來進行估價。有時也不會在報價單上詳細註明其標準的包裝方式，此時採購如果不去察覺，日後再追加包裝要求，不僅時間被拖延，對於比價的作業也會造成不利的影響。

9.運送地點與交貨方式

運送地點的城市、詳細位址及聯絡電話與傳真都必須要清楚地

告訴供應商。

10.售後服務與保證期限要求

在採購一些機器設備,如衝床、測試儀器、半導體封裝設備等時,供應商一般都會提供基本的售後服務與保證期限。如果此時有特殊的要求,例如要求延長保證期限或改變售後服務的內容等等,應明確提出,因其牽涉到採購品質。

九、分析供應商的可能降價潛力

分析供應商的降價潛力時,需要明確供應商成本變動的影響因素,引起供應商成本變動的因素,主要包括以下幾方面:

①供應商的生產規模和技術裝配條件。

②物資供應體制的改變,職工薪資制度變化,國家下達的生產指標(品種、數量)的變化等。

③供應商經營管理給企業成本帶來的影響。例如,原材料、燃料、動力利用的節約或浪費,工作生產率的高低,生產設備的利用程度以及企業管理工作水準的高低等。

④產品生產的技術革新和技術革命,替代材料的採用,技術作業線的改善作業標準化等,都會導致供應商成本降低。

基於以上成本變動因素,採購方應根據實際情況,分析供應商的降價潛力,擬定合理的價格底線,以期降低供應成本。

十、合理估算出對方的供應價格

對供應商的報價進行分析之後,對價格的合理範圍也便做到了心中有數。接下來,採購方要做的就是透過各種方法和途徑,來確定合理的供應價格。

1. 確定供應價格的方法

採購方通常可以採用四種方法來確定供應價格,即貨比三家法、成本價格分析法、協商合理利潤法以及招標決定法。

(1)貨比三家法

比較多家供應商的價格後,透過初步議價掌握供應底價,再選擇合適的策略與供應商進行第二次議價,評估供應商的合作意願和報價,確定最合適的供應商,從而達成採購合作協議。

(2)成本價格分析法

根據供應商提供的生產成本分析表(表 12-2),確定供應價格。例如,企業需採購的物料是由幾個不同的零件組成時,應要求供應商逐一報價,並獲得專業製造廠商的獨立報價,為確定最終價格提供依據。

(3)協商合理利潤法

為避免供應商在處於優勢競爭情況下抬高價格,採購人員可與供應商進行價格協商,在保證合理供應成本和利潤空間的基礎上,確定最終供應價格。

(4)招標決定法

透過招標競爭,選擇最有利的供應價格。這種方法適用於供應

商具有價格主動權時。

表 12-2　供應商生產成本分析表

類別		項次	成本項目	單位	單價	單位用量	總用量	金額	備註
原料成本		1							
		2							
		…							
小計									
費用成本	變動費用								
	固定費用								
小計									
總成本									

2. 控制供應價格的途徑

企業應根據實際情況選擇使用，要確保供應價格處於理想水準，通常情況，企業可採取下列途徑來控制供應價格。

(1)限價採購

對所需購買的物料規定或限定進貨價格，限定的價格須在採購人員進行市場調查獲得市場行情後綜合分析提出。這種方法適用於

採購時效性較強的物料。

⑵競爭報價

由採購方組織部門人員向多家供應商索取供貨價格表，或者在已知物料的規格與品質要求的情況下，要求供應商在報價單上填寫近期或長期的供貨價格。採購部可根據其提供的報價單，確定合適的供應商。

⑶規定供貨單位和供貨管道

採購方企業可指定採購人員在規定的供應商處進行採購，穩定供應管道。這種採購方式在價格和品質得到雙方認可的前提下進行，供需雙方需預先簽訂合約，保障供貨品質和價格的穩定。

⑷控制大批量和貴重物料的購貨權

對於大批量和貴重物料，其供應價格對企業採購成本的影響較大。採購方可根據生產部提供的物料使用情況報告，然後提供各供應商的價格報告，由企業高層管理人員協助決策。

⑸提高購貨量和改變購貨價格

大批量採購可降低物料的價格；購買適宜包裝規格的物料，也可降低單位價格。

⑹根據市場行情適時採購

物料供過於求、價格低廉、生產需求量較大時，只要品質符合要求，就可以多儲備一些，以備價格回升時使用。而新物料剛上市時，預計價格會下跌，則應以只要滿足基本需求為準而少量採購，待價格穩定時再大批量採購。

在發包過程中，供應商大多會盡可能地隱瞞自己的成本結構和定價方法。因此，採購人員的第一個基本任務便是揭開供應商的定

價方法及成本構成的面紗。採購方企業可對供應商的價格進行綜合比較，針對不合理的成本消耗進行分析，從而選出性價比最佳的產品，確定有利於我方的合理供應價格。

第 *13* 章

如何與供應商議價

　　商務談判中，買方不會無條件地全部接受供應商所報價格，而是會對報價做出相應的反應。採購方在討價還價的過程中，不斷調整自己的利益點，逐步走向「共贏」。

　　供應價格的高低，對供應成本的影響很大，採購方要千方百計降低供應價格，並非輕而易舉就能辦到，必須經過一系列的有效協商談判過程。

一、做好議價前的準備

　　價格協商前的準備工作項目，主要包括成立協商小組、分析採購項目、確定採購清單、編寫詢價書、確認詢價書、確定協商方式、製作評價辦法和文件等內容。

表 13-1　價格協商的準備工作及其說明

準備工作	說明
成立協商小組	由採購人員和有關專家組成,主要負責供應價格分析和組織協商工作的具體進行
分析採購項目	分析採購項目計劃和採購方案(包括資金、技術、生產和市場等內容),為確定科學、完整的採購項目清單做準備
確定採購清單	經過採購項目計劃和採購方案分析,確定採購清單,明確有關技術要求和商務要求
編寫詢價書	詢價書應包括詢價公告或報價邀請函、採購項目要求、報價方須知、合約格式、報價文件格式等內容
確認詢價書	詢價書編制完成後,由採購方審核確認,經簽字並加蓋公章後,正式印製
確定協商方式	依據採購項目的實際情況,選擇電話、文書或面談的方式,與供應商進行協商
製作評價辦法和文件	製作供應商的評價標準、評價辦法和確定成交原則,供協商小組使用

　　除了上述準備工作事項之外,採購方還應做好資料收集、戰略戰術的研究、協商的計劃工作。正所謂「知己知彼,百戰不殆」,做好充分的準備,才會讓價格協商過程更輕鬆。

二、價格協商的順序

　　所謂價格協商的通俗說法,就是透過討價還價,最終確定雙方都滿意的價格。聰明的採購員在價格協商時,會將雙方的分歧逐個

化解，從而達成雙方在價格上的認同。

1. 尋找價格協商的突破點

進行價格協商時，應從最容易解決的、最有把握的部份先開始，即確定突破點。

選擇突破點，並不意味著避重就輕。價格協商是一個循序漸進的過程。價格協商人員首先要落實自己最有把握完成的協商事情，由易而難。與此同時，也為自己樹立了信心，下一步協商工作自然更加得心應手。即使困難越來越大，也能夠沉著應對。

2. 化解分歧，各個擊破

很多時候，由於雙方的分歧很大，價格協商會顯得異常艱難。此時，可以嘗試「拆分法」，即將雙方的分歧問題進行拆分，分解為一個個小分歧來分別解決。例如，雙方為運輸價格而僵持不下時，就可以將運輸價格進行拆分，然後逐個進行協商，透過尋找認同點來達成協定。

具體來說，進入價格協商階段之後，可以透過下列幾種方法來確定該從那些問題入手。

①根據重要性而定。

②根據協商內容的難易而定。

③對內容加以分類，以便確定何者為先，即確定商談的優先順序。

④根據對方的反對程度而定。

一般而言，先從重要性不大、難度較小、對方的抗拒較少的事項，就能推測出對方的目標、方針和策略。而當一個條件有了結果後，價格協商的氣氛就會變得更為融洽，從而獲得對方作出極大讓

步的機會。

三、五個階段的談判價格

商務談判中,一方報價後,談判中的還價實際就是針對談判對手的報價做出的價格回應。一般情況下,在一方報價後另一方要經過一次或幾次討價,估計對方的保留價格和策略性虛報部份,推測對方可接受的價格範圍,然後根據我方的既定策略,提出自己的可接受價格,回饋給對方。雙方在討價還價的過程中不斷調整自己的利益點,逐步走向「共贏」。

在談判的每個階段中,需要考慮的問題是:

1. 初始報價

初始報價過高或過低會影響結果,研究表明,高的初始報價經常會導致一個更高的協議。初始報價傳達給對方的信息可能會對達成協議直接造成障礙,或暗示你要進行一個長期談判。

2. 初始立場

採取的態度應支持已經作出的初始報價。堅定的立場一般會對高的初始報價有所幫助,然而友好的態度可以支持更合理的議價立場。

3. 議價

讓步的模式,尤其是在談判開始時,也能向對方傳達關於當前形式的競爭性的信息:小規模的讓步暗示了一個更具競爭性的立場,大規模的讓步暗示了較大的靈活性!讓步是談判的核心部份,因為它展現了雙方之間的動態變化。當雙方認為他們已經逐漸達成

共識時，他們會認為這個競爭性的談判是令人滿意的。很明顯，重要的問題是計劃如何作出讓步。

4. 最終報價

沒有更多的讓步餘地，這是一方能達成的最終結果。

5. 同意結果

得到履行交易的承諾。

四、報價策略

採購談判的重點，往往落在供應商的報價問題上，報價往往是談判的重要環節。這裏所說的報價不僅僅是指雙方在談判中就價格條款所提出的要求，還泛指談判中某一方向對方提出自己的所有要求，包括商品品質、數量、包裝、保險、支付條件、索賠，等等。其中價格條件具有重要的地位，對於談判雙方而言，報出一個恰當的價格，特別是開盤價，實際上為以後的談判限定了一個範圍，最終的協議基本是在這個基礎上經過協商達成的。

（一）五種報價策略

談判的根本任務是正確表明我方的立場和利益要求，商務談判的報價在這方面起著十分重要的作用，只有在報價的基礎上，雙方才能進行討價還價，從而達到實質磋商。基於報價在商務談判中的重要作用，我們必須掌握以下幾種報價策略。

(1)報價時機策略

在價格談判中，報價時機是一個十分值得重視的問題。有時，

賣方的報價比較合理，但卻無法刺激買方的交易慾望，這往往是因為報價的時機沒有得到準確的把握。通常來說，買方關心的問題首先是此商品能否帶來所需的價值，然後才是價格是否合理。這說明在價格談判中，應當首先讓對方瞭解商品，激發對方對商品的強烈需求感。提出報價的最佳時機一般是對方詢問價格時。此時報價，往往能水到渠成。

有時，對方在開局就詢問價格。我方要明確此時報價並不科學，最好引導對方將注意力放在商品上，在瞭解對方真正需求和對商品的態度後再進入報價階段，適時的拖延能給我方創造機會更深入地瞭解對方，從而不莽撞報價。當然，對方堅持要求報價時，也不要過分拖延，以免影響談判氣氛，造成不快。

(2)表達策略

報價無論採取口頭還是書面形式，表達都必須十分肯定、乾脆，要表現出沒有商量和變動的餘地。為了達到表達堅決的目的，「大概」、「估計」、「大約」這類含糊的詞語都不適宜在這一階段使用。另外，若買方以第三方報出低價為理由進行脅迫，我方應當引導對方將注意力放在商品品質上面，強調「優質優價」以及我方商品與其他企業商品的不同，並盡力表現出對第三方低價的毫不介意。只有在對方表現出真實的交易意圖時，我方才可以表明誠意，在價格上開始選擇讓步。

(3)差別策略

由於購買數量、付款方式和期限、交貨地點、客戶性質等方面的不同，同一商品的購銷價格有所不同。這種價格差別，體現了商品交易中的市場需求導向，在報價中應作為一種策略進行運用。例

如，為鞏固良好的客戶關係或建立起穩定的交易聯繫，對老顧客或批量購買的客戶可以適當實行價格折扣；有時為了開拓市場，對於新客戶，可以採取適當的優惠政策；對於需求彈性較小的商品，可以適當運用高價策略；等等。

⑷化整為零策略

化整為零是對價格進行分割以影響對方心理的一種策略。賣方報價時，採取這種策略能給買方製造心理上的價格便宜感。化整為零策略主要包括以下兩種形式：

①用較小的單位報價。例如，茶葉每公斤 200 元、大米每噸 1000 元，聽起來很貴。但若報成茶葉每兩 10 元錢、大米每公斤 1 元，就會使人產生一種便宜並且容易接受的價格感覺。

②用較小的價格進行比較。例如：一瓶洗潔精，只花 5 元錢，可以輕鬆洗淨 1500 個碟子。

⑸中途變價策略

中途變價策略的奧妙，是指在報價的過程中，報價方突然改變原來的報價趨勢，借此爭取談判成功的報價方法。中途變價策略可以理解為在一路上漲的報價過程中，突然報出一個相對較低的價格，或者賣方在一路下降的報價過程中，突然報出一個上升價格，從而改變原來報價趨勢，使對方措手不及，促使其考慮和接受我方價格。

一位客人在一家皮包店駐足，看到他，售貨員趕忙上前推銷，好話說盡，客人就是不為所動。售貨員將價格一降再降，100 元，90 元，80 元……降到了 60 元，客人還是不接受，售貨員也不能再降了，當應該報「50 元」時，突然改變了下降趨

勢，報出了「55 元」。對此感到十分奇怪的客人回問「50 元」的價格，售貨員立即抓住客人的興趣點，順水推舟地將皮包以 50 元賣了出去。

談判技巧告訴我們，當對手對於價格再三要求時，我們要採取中途變價的報價策略，改變原來的談判趨勢，遏止對我方不利的勢頭，重新佔據主動。

（二）報價先後技巧

在商務談判過程中，到底是應該先報價，還是等待對方開價後再還價，這對於買方還是賣方都是一個沒有定論的問題。實際上對於買賣雙方來說，先報價和後報價均有其利弊，至於選擇何種報價順序，還要結合自身的實際情況而定。

(1)先報價的利弊

一般來說，先報價的好處在於爭取主動，在價格談判中比後報價更具有影響力。先報價的一方，實際上為談判規定了一個價格框架或基準線，最終協定多數情況下不會超出這個範圍。同時，先報價不僅能為談判結果確定一個上限或者下限，而且能使先報價的一方在整個談判過程中或多或少地支配對手的期望水準。因此，先報價比後報價的影響力要大。

然而，先報價的不利之處也是顯而易見的。因為後報價一方在得知先報價方的報價後，可以不露聲色地對自己的想法進行調整，從而使先報價一方喪失更好的交易機會。

美國加州一家機械廠的老闆威廉準備出售三台更新下來的機床，有一家公司聞訊前來洽購。威廉先生十分高興，細細一

盤算，準備開價 360 萬美元即每台 120 萬美元。當談判進入實質階段時，威廉先生正欲報價，卻突然打住，暗想：「可否先聽聽對方的想法？」結果對方在對這幾台機器的磨損與故障作了一系列分析和評價後說：「看來，我公司最多只能以每台 140 萬美元的價格買下這三台機床。多一分錢也不行」。威廉先生大為驚喜，竭力掩飾住內心的歡喜，裝著不滿意，討價還價了一番，最後自然是順利成交。

⑵後報價的利弊

後報價的利弊正好和先報價的相反。其有利之處在於可以根據對方的報價及時調整我方的策略，以爭取到最大利益。不利之處是被對方佔據了主動，我方必須在對方劃定的框架內談判。

⑶報價先後的技巧

既然先報價和後報價都各有利弊，而且「利」與「弊」都與一定的條件相聯繫，實際談判中選擇「先人為主」與「後發制人」也都不乏成功的範例，因此，對於報價的先後次序，要根據特定條件和具體情況靈活選擇。一般情況下，可以參照以下經驗：

- 在我方信息不足、把握不大的情況下，爭取讓對方先開口，這至少可以從中瞭解更多的信息。實際談判中常常會遇到這種情況：對方先開口報出的價格往往比自己預料的要優越得多。
- 如果談判預計將會比較激烈，甚至可能出現互不相讓的局面，在做好充分準備的前提下，透過先報價來劃定談判過程的起點，並由此對以後的談判過程施加影響，使我方從開始就佔據主動，於我方是有利的。

・如果談判對方是我方的老客戶,而且合作一直很愉快,那麼
報價先後的問題就不重要了,雙方往往無須經歷任何艱苦的
報價和磋商就能協商一致,達成理想的協議。

五、討價與還價

1. 還價前的準備

在還價之前你必須要知道,你有充分瞭解對方報價的全部內
容,準確瞭解對方提出條件的真實意圖。

其次,對方報價中的條件那些是關鍵的、主要的;那些是附加
的、次要的;那些是虛設的或誘惑性的。

為了摸清對方報價的真實意圖,我們可以用逐項核對對方報價
中所提的各項交易條件,探詢其報價根據或彈性幅度,注意傾聽對
方的解釋和說明。但勿加評論,更不可主觀地猜度對方的動機和意
圖,以免給對方反擊提供機會。

由於報價具有試探性,為了能使議價朝著有利於我方的方向發
展,在接到對方報價後,應當仔細察看其全部內容,推算出對方所
報價格中有多少虛設的,並盡力揣摩對方的真實意圖,找到其報價
中的薄弱點,作為我方還價的籌碼。要想充分利用還價獲得最大利
益,首先要在還價前做出週密的籌劃。

(1)分析報價

我方在得到對方的報價後,分析其全部報價內容,以判斷對方
的真實意圖,確定報價中那一項是至關重要的,那一些是次要的,
那項籌碼是誘惑我方讓步的。

(2)制定對策

在對方報價後，我方應當根據所掌握的信息結論，對整個交易做出通盤考慮，估量對方及我方的期望值和保留價格，制定出我方還價方案中的最高目標、中間目標和最低目標。同時還可以把將要涉及的問題盡可能全面地羅列出來，分清主次、先後和輕重緩急。

(3)設計方案

對報價進行分析後，要將視角逐步轉向我方，根據我方的目標設計出幾種不同的備選方案，這方案中要明確那些條款可以靈活掌握，靈活的範圍有多大，這樣才能保證我方在價格談判中的靈活性。

2.還價方式

(1)根據性質劃分

還價的方式從性質上講，可以分為按比例還價和按成本還價兩種。按比例還價是指我方不瞭解所談商品本身的價格，而以與其相近的同類商品的價格或競爭者的商品的價格作參考價進行還價。運用這種還價方式的關鍵在於一定要選擇好作對比的商品，只有比價合理，對方才能信服和接受。

按成本還價是指我方能夠大概估算出所談商品的成本，然後以此為基礎加上一定比例的利潤為依據進行還價。運用這種還價方式的關鍵在於所計算的成本要準確，成本計算越準確，談判還價的說服力越強。

(2)根據每次還價項目的多少劃分

根據談判中每次還價項目多少，談判還價可分為逐項還價、分組還價和總體還價。

逐項還價是指對主要設備或商品逐項、逐個分別還價，對技術

費、培訓費、諮詢費、包裝費或運輸費進行逐一還價。

分組還價是指把談判對象根據價格差距檔次劃分成若干組，然後逐一還價。如商品單價高的，還價時壓價的餘地就大；單價低的，還價餘地就有限。

總體還價是指不考慮報價中各部份所超出的差異，將所談商品價格集中起來，按照一個百分比還價。

在實際談判中，採取以上那種方式進行還價，要依據具體情況而定。

通常，如果賣方價格解釋清楚、成交心切，買方手中比價材料豐富，並且有耐心和足夠的時間，則採用逐項還價法對買方比較有利。如果賣方解釋不足但有成交的信心，買方掌握的材料較少，則採用分組還價的方式對買方更為有利。

如果賣方報價粗且態度強硬，造成雙方相持時間較長，但還都有成交的願望，則買方最好選擇總體還價的方式。

3.還價起點的確定

當選定了還價的方式以後，買方還要確定還價的起點，以什麼樣的條件作為第一還價點。這第一錘敲得是否合適，將直接決定雙方能否達成價格協定。確定還價起點，買方首先應看賣方在我方還價後價格改變了多少；其次看賣方改善的報價與我方擬定的成交方案之間還存在多大的差距，這種差距是否是我方可以容忍的；再次，還要看我方是否準備在還價後讓步。以上幾點是決定還價起點的基本條件。

從實質上看，還價的目的並不僅僅是為了提供與對方報價的差異，而是著眼於如何使雙方共同協商，接受這種差異，並願意向雙

方互利性的協議靠近。所以，確定還價起點的總體要求是一方面還價起點要低，力求使我方的還價給對方造成一定的壓力，以影響或改變對方的判斷；另一方面為保證價格磋商過程能順利進行，還價起點又不能過低，其高度必須接近雙方的目標，使對方有接受的可能性。

還價的起點，是買方第一次公開報出的打算成交的條件，其高低直接反映出談判者的談判水準，同時也反映著買方自身的利益。因此，確定還價起點時要週全考慮，謹慎行事。

4. 討價還價策略

討價還價是談判中重要內容，優秀的談判人員不僅要掌握談判的基本原則、方法，還要學會熟練地運用討價還價的策略與技巧，這是促成談判成功的保證。

(1) 投石問路策略

要想在談判中掌握主動權，就要盡可能多地瞭解對方的情況，以及談判中每一步驟對對方的影響及對方的反應。

第一種的投石問路，就是在討價還價階段瞭解對方情況的一種戰術。例如，在價格討論階段，想要試探對方價格有無迴旋的餘地，就可提議：「如果我方增加購買數量，貴方可否考慮優惠價格呢？」然後，可根據對方的開價，進行選擇比較、還價。通常情況，任何一塊「石頭」都有助於進一步瞭解對方價格的底牌，而且對方對這種方式往往難以拒絕。

(2) 抬價壓價策略

第二種的抬價壓價策略，在談判中，通常很少出現一方開價，另一方就馬上表示贊同的情況，雙方對價格達成協定，都要經過多

次的抬價、壓價，才相互妥協，最終確定一個一致的價格標準。

由於談判時雙方都並不清楚對方要價多少，在什麼情況下妥協，所以忍耐力、經驗、能力和信心是十分重要的。在討價還價中，時間越久，局勢就會越有利於有信心、有耐力的一方。此時，壓價可以說是對抬價的破解。如果是買方先報價格，可以低於預期進行報價，留有討價還價的餘地，如果是賣方先報價，則買方壓價可以採取多種方式：

①揭穿對方的把戲，直接指出實質。例如算出對方產品的成本費用，擠出對方報價的超額部份。

②制定一個不超過預算的金額，或是一個價格的上下限，然後圍繞這些標準，進行討價還價。

③用反抬價來回擊，如果在價格上遷就對方，必須在其他方面獲得補償。

④召開小組會議，集思廣益找出對策。

(3)求疵還價策略

求疵還價的策略，是指在談判中一方為了達到自己預定的目標，先針對商品找出毛病，提出苛刻要求，然後再逐漸讓步，求得一致，以此來獲得我方最大利益。

例如，買方想要賣方在價格上給予折扣，但又估計自己若不在數量上做相應讓步，對方很難接受這個要求。於是買方在價格以外的其他方面，如商品品質、運輸條件、交貨期限、付款方式等方面提出較為苛刻的合約條款，甚至對現有條件提出質疑，以這些作為雙方洽談的基礎，在針對這些條件的討價還價中，讓對方感覺到我方忍痛做了較大的讓步，因而甘願在價格上予以一定的妥協或補

償。

實施這一策略的關鍵在於要讓賣方覺得其在做出價格讓步之前已經從買方得到了便宜，得到了讓步，而事實上，這些「讓步」是買方本來就打算給予賣方的。另外，任何談判策略的有效性都有一定的限度，這一策略也是如此。先向對方提出要求、挑毛病不能過於苛刻，漫無邊際，不能與通行做法相距太遠。否則對方會覺得我方缺乏誠意，從而影響談判氣氛。

⑷還價的次數

還價的次數取決於談判雙方手中留有的餘地。如買方第一次還價時價格壓得很低，賣方手中餘地不大，則再讓價的可能性就小；或者賣方態度強硬，手中也無可讓餘地，則還價作用甚微。

到底還幾次價才合適呢？通常看來，如果賣方在二次報價後仍有價格改善的可能，買方則要積極爭取更多還價次數，但每一次要視交易額的大小合情合理還價。在實際談判中，賣方多以 5%～10% 為一檔，把價格分成幾次調節，以製造台階，保護價格水準。若是項目小或商品總額不高，則還價的台階不會太多，買方的還價要適度，反之可以加大還價力度。

5. 扼住對方喉嚨的價格反制

什麼是價格反制？這是一種反守為攻的談判技巧。對於談判對手而言，價格反制是「恐怖戰術」，它也可以說是一種以退為進的防衛戰。

在談判中，有一個永恆不變的法則，那就是，永遠不要接受對方的第一次出價。想一想，如果你一下子就接受了對方的報價，對方會有怎麼樣的反應呢？第一個反應是，我應該要得再高一點才

對，下一次我可以做得更好。有趣的是，這種反應與你的產品、服務或其他業務價值沒有什麼必然的聯繫，只與你對對方給出價格的反應方式有關。接下來，他們還會順理成章地產生這樣的反應：會不會出了什麼差錯？不能這麼接著往下談了，我們得先回去再仔細考察一下再說，是不是出了什麼其他問題？

　　價格反制是在價格談判中必須經過的一關，它開始於對方報價之後，貫穿於整個價格談判過程。反制策略實行得好與壞，直接關係著我們自身利益的大小。

　　⑴在對方報價過程中，一定要多聽少說。任何人在報價的時候，總是把讓步或優惠條件放到最後面提起。如果我們多說話，就會使他有機會和時間把讓步或優惠條件省略掉，把更多的時間放在和我們討價還價上。我們多聽少說，會造成他這樣一種印象：「他們是不是對我們的條件不感興趣，我應該加大力度。」在某些時候，我們還沒有還價，對方就會給出我們的心理底線。這樣我們就可以改變談判目標，贏取我們更大的利益。

　　⑵即使對方的報價顯得很不合理，我們也不要全面地回絕。這樣做很容易讓人覺得我們是草率的，缺乏誠意的。我們應該逐步地或遞進或遞減地把不同意見說出來，要求時一定要有利有理有節。這樣做會使我們較為順利地進行談判。

　　⑶針對報價，一定要採取策略性地還價。談判對手往往是採用報價或還價策略的，同樣我們也要有針對性地進行策略性還擊，然後再報價。

第 *14* 章

採購談判的議價技巧

討價還價是採購談判過程中最為激烈的階段。當供應商堅持某些不合理的價格或條件時,採購方關注的不應是其態度如何,而是如何應對和解決。

討價還價通常是採購談判過程中最關鍵同時也是最激烈的階段。所有的供應商都不會滿足於既得利潤,當供應商堅持某些不合理的價格或條件時,我方關注的是如何應對和解決衝突,我方不僅要識別對方的不正當手段,還要學會正確、有效的反擊方法與讓步技巧。

一、採購議價的過程

洽談過程可大致分為開始洽談、正式洽談、成交 3 個階段。

1. 開始洽談階段

開始洽談階段的主要任務是建立良好的洽談氣氛,就洽談的目

的、時間、進度和人員達成一致,為實質性洽談奠定基礎。

2. 正式洽談階段

(1) 詢價

採購詢價的方式多種多樣,採購人員最主要的方式是透過函電和網站發佈信息進行詢價。

在採購詢價中,採購人員或供應商的報價以及還價是採購談判的核心環節。因此,採購人員在進行詢價前要先清楚採購商品報價的基本情況。

在基本掌握市場行情及其走勢的基礎上,採購人員即可參照近期成本價格,結合採購的意圖,擬定出價格的掌握幅度,確定一個大致的報價範圍,即確定一個最低目標水準,也就是可以接受的最壞的交易條件。

採購人員與供應商在談判中,供應商透過報價來表明自己的立場和利益要求。一般情況下,採購人員和供應商都不會輕易把底價透露給對方,而是留下討論協商、討價還價的空間,所以採購人員在接受供應商報價和主動報價時,要極其謹慎。

(2) 進行磋商

磋商也叫討價還價,是洽談過程的一個關鍵階段,也是最困難、最緊張的階段。

在交易條件的磋商過程中,洽談雙方都要作出一定程度的讓步。讓步是雙方為達成協定所必須承擔的義務,在磋商過程中是在所難免的,但如何讓步值得認真研究。採購人員應根據實際情況採用恰當的讓步策略,以便實現我方的採購談判目的。

採購人員在詢價後,選擇兩家以上供應商進行交互議價,並且

在議價時應注意品質、交期、服務兼顧。

3. 雙方議價成交

　　成交是談判的最後階段，也是一項交易談判的結束。成交階段的主要任務是促成交易和簽訂協定。判定談判是否進入成交階段，可以從交易條件和談判時間兩方面進行。

表 14-1　採購作業的議價流程

程　序	說　明
篩選物料供應商	確定評審項目後，評選小組將合格廠家進行分類、分級，篩選出合適的供應商。
編制低價和預算	議價之前，採購人員應先擬購物品的規格和等級，同時充分考慮企業的財務能力，編制擬購物品的低價和預算。
制訂報價單或成本分析表	(1)請供應商提供報價單，詳細核對內容，如果擬購項目有增減，可以據此重新核算價格。在交貨時，也應有客觀的驗收標準。 (2)對於數量巨大的定制物品，應另請供應商提供詳細的成本分析表，瞭解報價是否合理。
審查、比較報價表	(1)在議價前，採購人員應審查報價單的內容有無錯誤，以避免出現爭議。 (2)比較並統一不同供應商的報價單，以免發生不公平的現象。
瞭解優惠條件	(1)瞭解供應商對長期交易的客戶是否會提供相應數量的折扣。 (2)對於整批機器的定購，是否附贈備用零件或免費維修。 (3)對於能以現金支付的貨款，是否給予現金折扣。
議價，最終定價	從各供應商的報價中選出總價最低者，進行商談，確定最終價格。
簽訂採購合約	規定雙方的權利與義務，簽訂採購合約。

二、如何識破供應廠商的報價技巧

有關價格的討論,是整個採購談判的主要組成部份,很多沒有結局的談判,都是因為雙方價格上的分歧而導致的。

談判過程中,供應商通常希望以較高的價格成交,而我們則希望價格越低越好。但實際情況是,我們並不知道對方的價格底線和談判策略,所以必然會在價格上與其針鋒相對。對我方來說,只有接近或者低於其價格底線,才算是真正意義上的成功。

在實際的採購談判中,想要做到雙方都滿意,最終達到雙贏的局面並不是一件容易的事情,這就需要我們去瞭解供應商是如何進行報價的。供應商的報價技巧通常有以下幾種方式。

1. 供應商報高價

在採購談判過程中,供應商的報價通常都要遠遠高於產品的實際價格。因為在他們看來,一方面,報價越高意味著其談判空間越大,最後獲得的成果自然也就越多;另一方面,報高價也會使其在價格讓步中保持較大的迴旋餘地。

供應商對我方瞭解越少,他的最初報價就會越高;反之,供應商對我們的需求瞭解得越多,他就越容易調整自己的報價。

供應商採取高報價的另一個原因是市場上與其競爭的對手,產出很不穩定,而他在這方面略勝一籌,所以,想透過高報價提高其產品和服務在採購方心中的價值。因為在人的潛意識中,高價格一般等同於高價值。供應商往往會認為,只有透過高報價這種方式,才能創造一種讓採購方感覺自己贏了的談判氣氛。如果他一開始就

亮出自己的底牌，我們就不會有這種感覺，就會阻礙其談判計劃的實現。例如，柴契爾夫人與歐洲共同體各國首腦的談判就是典型的例子。

　　1975 年 12 月，在柏林召開的歐洲共同體各國首腦會議上，舉行了削減英國支付共同體經費的談判。各國首腦們原本以為英國政府只會要求削減 3 億英鎊。如果是這樣，依照柴契爾夫人強硬的談判風格，她必然就會提出削減 3.5 億英鎊。所以，各國首腦就認為在談判中應該先提議削減 2.5 億英鎊。一番討價還價談判下來，就會在 3 億英鎊左右的數目上達成協定，柴契爾夫人將不能如願以償。

　　可是，完全出乎各國首腦意料的是，柴契爾夫人獅子大開口，竟報出了 10 億英鎊的高價。首腦們一致堅決反對，可柴契爾夫人堅持己見，在談判桌上始終表現出不與他國妥協的姿態。共同體各國首腦們實在沒有任何辦法，不得不遷就柴契爾夫人。最後，雙方在 8 億英鎊的數目上達成協定，即同意英國對歐洲共同體每年負擔的經費削減 8 億英鎊。

　　上述例子中，柴契爾夫人報出了 10 億英鎊的高價，而不是 3.5 億英鎊，這完全出乎各國首腦們的意料，最後，雙方在 8 億英鎊的數目上達成協定。柴契爾夫人正是運用報高價的手法獲得了談判的巨大成功。

2. 供應商中途變價

　　所謂「中途變價」就是指供應商在報價的中途，突然改變原來的報價，從而爭取談判成功的報價方法。即供應商在一路下降的報價過程中，突然報出一個上升的價格，促使我們考慮接受他的價格。

在談判時，儘管供應商已經作出了一定的讓步，但是我們為了爭取更好的談判結果，往往以極大的耐心，一而再再而三地與供應商進行討價還價，這常常會令其頭疼。

當供應商忍無可忍時，就會採用「中途變價法」，從而遏制我們的無限要求。以下就是一個很好的案例。

山姆去華盛頓旅遊，在一家戶外裝備商店的櫥窗裏，看到了一個自己喜歡的登山包。店主看見山姆，馬上上前介紹。但好話說盡，山姆就是不買。

於是，店主把價格一再下降，從 50 美元、45 美元、30 美元，最後到 15 美元。店主看山姆仍然無動於衷，而自己又不想再跌價了。這時，他突然改變下降的報價趨勢，報出了一個上升的價格：16 美元。

最後，老闆順水推舟地以 15 美元的價格把包賣給了山姆。

戶外裝備店鋪的老闆在看到山姆仍然無動於衷的時候，採用了「中途變價」的報價策略，突然改變下降的報價趨勢。最後，他很順利地以 15 美元的價格把包賣給了山姆，成功地達到了自己的目的。

3. 供應商加法報價

加法報價策略是指在採購談判中，供應商擔心報高價會嚇跑客戶，就把價格分解成若干層次逐漸提出，使若干次的報價，最後加起來仍等於當初想一次的高價。由於總的要求被分解成一個個小要求，我方很容易就會接受。而一旦接受了第一個要求以後，就增加了下次讓我們接受其進一步要求的可能性。

採用加法報價策略，供應商多半是靠所出售的商品具有系列組

合性、配套性達到其目的。一旦我們買了其中一種商品，就必然無法割捨系列中的其他商品。舉例如下。

某機械製造廠為引進比較先進的機械生產線，曾經與美國某機械公司進行談判。此生產線中，最重要的項目是發動機生產線。談判開始階段，美國公司表現出對的友好和對中國機械工業騰飛的大力支持，以相當優惠的價格，把發動機生產線的成套技術和設備轉讓給我方。

我方談判代表認為，在前面友好合作的基礎上，接下來的談判一定非常順利。沒料到的是，下面的談判卻沒有想像中那麼容易，美方對接下來的任何一個小項目報價都非常高。這樣一來，整條機械生產線的價格變得非常之貴，原來發動機生產線的優惠就蕩然無存。

之後，我方代表才發現，美方玩弄的是「加法報價」的把戲。最後，不得不中止了餘下所有項目的談判。

針對上述這種情況，作為採購人員，我們應該在採購談判前充分考慮商品的系列化特點，並及時發現供應商「加法報價」的企圖，挫敗其「誘招」。

三、談判議價技巧

談判過程並不是一成不變的，即使是以合作雙贏的理念來進行談判，雙方之間對抗性的爭辯仍不可避免，也會出現不可預測的局勢變化。所以相較於談判前準備工作的可控性，談判過程是動態多變難以操控的，此時如果採購人員能清楚認識談判所處的狀態變

化，就會對我方的談判極為有利，雖然不能說可以控制局面變化，但至少有心理準備，並最大限度地發揮我方的戰術策略。

表 14-2　談判階段

階段1	談判雙方見面，商議談判進程和注意事項
階段2	互相介紹談判涉及問題和希望達成的共識
階段3	對有希望達成一致的目標進行討論，並相互讓步，向對方靠近；對仍存在分歧的事項進行細節探討，考慮接下來可能採取的步驟
階段4	起草聲明，就達成一致的內容進行確認，若能全部達成協定，則談判圓滿結束；若仍有分歧，考慮下一輪談判的可能

　　談判過程是理性的也是感性的，在商務談判中，應該盡力避免主觀情緒，但如果對人的心理情緒巧加利用，可以讓談判在一種愉快輕鬆的氣氛下進行，也是一種談判技巧。

　　價格是談判的核心，也是所有合約條款談判中最困難的談判內容。如果瞭解了價格談判，那麼對於其他條款的談判技能的理解與掌握也就容易得多了。

　　價格談判技巧猶如《孫子兵法》，採取或虛或實招數，為了能夠在談判中佔得上風，最終獲得有競爭力的價格。根據作用的不同，價格談判技巧可以分為以下三種。

　　議價是在雙方都沒有對價格作出硬性規定或雙方都不知對方底線價格的情況下，需要進行的一個價格談判過程。雙方都覺得在價格上，雙方還可以有商量餘地，此時採用一些技巧就可以取得我方有利的價格。

1. 間接議價法

在談判還未進入正面衝突前，採取一些迂迴戰術，對價格進行試探有利於採購商作好議價的準備。例如，一開始不要急於切入主題，先同供應商聊聊行業情況，企業文化之類的話題，熟悉供應商所瞭解的範圍，看供應商對行業趨勢發表的觀點可以大致瞭解其對產品價格的定位，會使談判氣氛變得良好，此時再正式談價格問題就知道該如何應對了。

2. 試探議價法

有時採購商也清楚自己提出的價格要求有些苛刻，供應商很難接受。此時可以先從非價格因素上著手，根據供應商反應來決定是否可以在價格上再作進一步要求。

例如，先要求供應商承擔售後的各種服務，如果供應商認為這樣有必要提高售價，那麼正中下懷，採購商可以要求放棄這些服務，同時要求供應商降低價格。因為在一般交易中，供應商已經將售後的各種服務成本加入售價中，採購談判人員故意去提這些原本容易忽略的成本因素就是要試探供應商是怎樣考慮價格因素比重的。如果供應商能夠答應各種服務要求，採購商也完全達到了價格補償的目的。

3. 分攤差價法

當雙方報出的理想價格存在一定差距時，就這個差價額度，我方可以提出各出一半。這在雙方都想達成協定的情況下是可以實現的。但如果雙方對獲得合約的意願不一致時，採購商就不能輕易提出這個建議，因為在供應商看來會覺得採購商開始妥協的徵兆，他們的態度反而會更強硬。

4.動之以情

如果採購商明顯需要依靠供應商支援生產活動,這時索性從一開始就放低姿態,爭取供應商的同情也不失為一種策略。以經費緊張為藉口,請求供應商以較低的價格先賣給我方,並承諾日後給予供應商回報。供應商並不會拒絕每個可能的客戶,所以即使為將來作打算,他們也會予以考慮,只要採購商提出的價格不要太接近於他們的底價,這種策略就有可能成功。

5.合理加價法

如果要避免處於優勢地位的供應商先提出離譜的高價,賺取暴利,採購談判人員可從一開始就可以將預先分析好的成本構成擺在供應商面前,並且加上我方認為合理的利潤作為採購價格。供應商一般不會輕易透露自己的真實成本構成,當他們發現確有利潤空間時,很可能就會同意採購商成本加利潤的定價。

6.坦白底價法

採購談判人員直接告知對方預設的價格底線,並一再強調這個價格無法更改,以此刺激供應商報出較為接近該底價的價格,進而要求對方降價。關鍵是告知對方的價格底線實際上要比談判人員在談判前設定好的價格底線更低一些,以此達到獲得更接近價格底線的價格的目的。

7.若即若離

如果買賣雙方實力相差無幾,任何一方都無法透過強硬的態度取勝,這時心理戰術運用就很重要。

採購談判人員要表現出一種若即若離的態度,在表情神態上可以表現出一種漫不經心,讓供應商覺得如果價格不吸引人採購商就

會另找其他供應商，這對急於完成業績的銷售人員就是一種折磨。

當供應商提出價格讓步時，採購商就應該果斷地作出決定，如果需求緊急就迅速成交；如果並非緊急需求，則還可以繼續演戲，直到供應商確實表現出無奈為止，此時的價格很有可能就是供應商真正承受的價格底線了。

8. 錯覺報價

採購談判人員在施以還價時完全可以採取一些轉換價格單位、化零為整、聚小為大的策略來轉移供應商的注意重心，心理分析上認為人對不同單位具有不同的敏感性。

例如，500 元每千克可以改成 50 萬元每噸，5 噸每月改為 60 噸每年，讓供應商覺得我方採購量大、價格上的昂貴都會在一定程度上給供應商施加心理壓力。當然，供應商不會看不出這個技巧，他們也會進行單位轉換。

談判時間長了，雙方都有些疲勞的時候，就難免會產生這種錯覺。採購談判人員必須始終保持清醒頭腦對供應商進行還價分析，這是成功使用錯覺還價的要點。

9. 步步為營

採購談判人員一下子提出比供應商價格低很多的目標價格很容易使談判陷入破裂的境地。這對迫切需要這份訂單的採購人員來說是禁忌使用的。採購談判人員應該對在供應商提出的價格和自己的目標價格間劃分幾個區域，按比例一步步地實施降價計劃。

例如，先對供應商開價降 20%，如果供應商同意，此時就要再找出一些理由來證實供應商還有降價空間，再提出降 20%的要求。這些理由可以透過成本分析、供應商歷史價格、與同期其他供應商

的價格比較，或在非價格方面的細節因素中去尋找。

10.危機援助

仔細分析出貨供應商的不利因素，他可能存在的經營危機，對這些可能存在的危機施以援手，這樣會讓供應商覺得採購商有誠意，與採購商合作比較有利，採購商此時提出還價就非常容易了。

11.逐層談判

要供應商自己降價不太可能，採購談判人員還價又很困難，這如果巧妙地設置一下談判的過程，就很可能輕易地獲得降價。在談判開始，先讓與供應商派來的談判人員同對等職務的人員進行談價，如果還價進行得不順利，此時採購談判人員就可以請出高一層職務的主管來同他還價。儘管不是同一企業的主管與下屬關係，但一般人都會對比自己高一級職務的人產生尊重的心理，尤其對方主管是懷著誠懇合作的態度與自己談判時，供方會有受到敬重的感覺，很難再強硬拒絕，此時就很容易還價。

如果採購合約很重要，請出高層主管直接與對方高層主管談判是獲得理想價格的捷徑，因為高層主管不僅談判經驗豐富而且社會關係廣泛，對方不會不重視雙方之間的合作發展，這種情況下獲得採購人員希望達到的目標價格是非常容易的。

四、採購談判的讓步策略

在採購談判的過程中，我們努力尋求與供應商互利的解決方案是一種達成協定的最好方式。但在解決一些棘手的利益衝突問題時，恰當地運用讓步策略也是非常有效的。成功讓步的策略和技巧

表現在談判的各個階段，尤其是討價還價階段。

談判本身是一個理智的取捨過程，談判對抗不可能無限制地延續下去，否則只能導致談判陷入僵局或破裂。高明的談判者，除了知道何時應該抓住利益據理力爭外，還要知道何時應放棄利益。在對抗局面久久難以打破之時，合理的讓步可以令談判「豁然開朗」。正因為如此，對談判人員來說，掌握讓步的策略顯得尤為重要。有效讓步的基本策略有這樣幾種：

1. 替換策略

在談判對抗中，一些談判人員明知自己應該改變談問題的角度，卻常常因考慮「面子」等問題，如談判人員自身或所代表的集團的聲譽、尊嚴等，不是實事求是地修訂目標方案，反而固守這種商討問題的方式。這時，如果談判一方採用替換策略，常常可以讓對方體面地改變某些談判要求，使談判得以順利地進行下去。

有則「朝三暮四」的寓言，主人給猴子定量進食。主人給猴子早上吃三個橡子，晚上吃四個橡子，猴子不滿意：於是，主人重新做出安排，早上給它吃四個橡子，晚上給它三個，結果猴子很滿意。同理，在討價還價中可運用這種替換策略來讓步。

這一策略不僅僅是一種象徵性的讓步，更多情況下，替代方案包含著這樣一種實質內容：我方願意以放棄某一方面的利益為代價，換取等同價值的另一方面的利益。就像一對爭吃一個桔子的姐妹，姐姐只想吃果肉，而妹妹只想要拿桔皮去製作她喜愛的蜜餞，但她們爭執的卻是誰得到整個桔子。其實換個角度去做，兩個人就都滿意了。這種替換的道理在商務談判中同樣適用。

2.價格讓步策略

價格讓步是讓步策略中最重要的內容，讓步的方式、幅度直接關係到讓步方的利益。我們用表格的方式介紹幾種常見的價格讓步策略。假設談判的一方在價格上讓步的幅度為 100 分，共分 4 次進行，表 14-3 給出了 6 種讓步策略。

現將表 14-3 中的 6 種讓步策略分析如下：

表 14-3　價格讓步策略

讓步策略	第一次讓步	第二次讓步	第三次讓步	第四次讓步
1	100	0	0	0
2	50	50	0	0
3	25	25	25	25
4	10	20	30	40
5	50	30	25	-5
6	40	30	20	10

第一種讓步策略，是在開始就一次全部讓出，不留任何餘地，然後堅守陣地，因為再也沒有本錢繼續讓步。這種策略會讓對方覺得不可理解。一次讓出會使對方認為初次報價額度過大，缺乏誠意。而在後面的迂迴談判中，我方又沒有資本繼續讓步，會讓對方感覺沒有通融性，對之前的大幅讓步並不存有感激。由此看來，這種讓步策略並不可取。

第二種讓步策略，是分兩次作均等讓步。兩次讓步幅度都很大且額度等同，這樣一是讓對方感覺到我方的讓步是粗略的，而不是精確的；二是對方再次要求讓步時得到的是和第一次等額的利益，

因而缺乏滿足感。

　　第三種讓步策略，是四次均等讓步。這種讓步策略更不可取，它只是在理論上成立，在實際談判中，這樣的方式只會讓對方產生無休止要求我方讓步的慾望。

　　第四種讓步策略是遞增性讓步。這種策略是談判中最忌諱的。一次次增加讓步的幅度，只會誘使對方提出更為苛刻的要求。

　　第五種讓步策略，給人以極度缺乏誠意的感覺。前三步越讓越多，最終卻拒絕做出讓步，這樣會嚴重影響談判氣氛。但在實際談判中，也有人使用這種策略，主要目的是為了遏制對方無限要求讓步的勢頭，而不是真的要加價。

　　第六種讓步策略最為理想，即每次做遞減式讓步。它克服了上述幾種讓步策略的弊病，既能做到讓而不亂，又能成功遏制對方無限制要求我方讓步的慾望。首先，每次讓步都給對方一定的優惠，表現了我方的誠意，同時保全了對方面子，使其產生滿足感。其次，讓步的幅度遞減，顯得越來越困難，能夠使對方充分感受到我方讓步不容易，是在竭盡全力滿足其要求。最後我方的退讓幅度不大，是在明示我方的讓步已經到了極限。也有些時候，談判人員刻意將最後一次讓步的幅度加大，甚至超過前次，這是充分表示我方合作的誠意，發出簽約邀請。

五、如何在談判中進行讓步

　　當談判陷入僵局時，如果我們對雙方的利益所在把握得適當準確，那麼就應以靈活的方式在某些方面採取讓步的策略，去換取另

外一些方面的利益，以挽回即將失敗的談判。相反，如果談判雙方都堅持自己的陣線不願意作出任何讓步，那麼只會導致談判破裂。因此，在某些情況下，讓步是必要的。

讓步在採購談判中不僅是一種妥協，更是一種策略。好的讓步能讓供應商感到我們的誠意，從而為談判的最終成功奠定基礎。但在讓步之前我們要注意到：什麼時候應該讓步？該如何讓步？讓步能夠換來什麼？

1. 只能適度地讓步

在談判的過程中，如果想要使供應商作出讓步，我們就應根據情況首先作出讓步。我們可以先在一些細小的問題上作出讓步，以便換取供應商的誠意，從而使對方在其他方面作出相應的讓步。當我們不得不作出讓步的決定時，就要對自己的讓步附加某些條件。例如，我們可以先與對方提出自己的讓步條件，在供應商認同我們所提條件的前提下，再談自己的讓步。

需要注意的是，我們在作交換性讓步時一定要表現得不情願，第一次讓步的幅度要小，否則，供應商要求我們讓步的條件會越來越高。另外，讓步的節奏也不宜太快，那樣只會將自己置於軟弱的地位，喪失主動權，也就難以換取供應商作出的讓步。

另外，我們談判時應將所要作的各種讓步進行部署，在適當的時候，恰到好處地作出一定讓步。如果毫無計劃地隨意接受供應商首次所要求的條件，就會使對方的慾望不斷升級。

2. 使讓步的價值最大化

如果我們所作出的讓步並不具備令人信服的成本，供應商就會認為其沒有任何價值。因此，可以透過強調讓步帶來的成本的增加

來強調其價值。例如，採用類似「這將是一個先例」、「這麼做很困難」等措辭。

下列是有助於我們為所作讓步建立價值的簡單方法：

· 在合適的時機說明作出該種讓步是很困難的。

· 指出該項讓步能解決的重要問題或清除的障礙。

· 指出該項讓步會為供應商帶來的成本節省額。

· 證明該項讓步不在我方公司政策允許範圍之內。

· 指出該項讓步能夠開創的機會以及滿足的條件。

3. 讓步的實施步驟

在採購談判中，明智的讓步對於我們來說是一種非常有力的談判工具。作為採購人員，我們必須以局部利益換取整體利益作為讓步的出發點。因此，把握讓步的實施步驟必不可少。通常，我們將讓步的實施分為四個步驟。

(1)確定談判的利益

可以透過確定此次談判對談判雙方的重要程度，以及我方可接受的最低條件來確定談判的整體利益。

(2)確定讓步的方式

由於談判的性質不同，所以讓步沒有固定的模式，通常表現為多種讓步方式的組合，並要依具體的談判情況不斷進行調整。

(3)選擇讓步的時機

讓步的時機與談判的順利進行有著密切的關係，既可我方先於對方讓步，也可先讓對方讓步，甚至雙方同時作出讓步。

(4)衡量讓步的結果

我們可以透過衡量我方在讓步後具體的利益得失與所取得的

談判地位,以及討價還價力量的變化,來衡量讓步的結果。

　　每個採購員在讓步的時候都可能犯錯。對於讓步方面的錯誤有幾個方面需要我們加以注意。

- 一開始就接近最後的目標。
- 以為已經瞭解了對方的要求。
- 認為自己的期望已經夠高。
- 一開始就接受對方最初的價格。
- 沒有得到對方的交換條件,就輕易讓步。
- 在沒有弄清對方所有的要求以前,就作出讓步。
- 在重要問題上比對方先作讓步。
- 忘記自己的讓步次數。
- 讓步的形態表現得太明顯。
- 執著於某個問題的讓步。
- 接受讓步時感到不好意思。

　　當談判雙方因利益分割而處於僵局時,如不採取明智的措施,很容易導致談判的破裂。這時候,只要我們在某些問題上稍作讓步,但是要在其他問題上就能爭取更好的條件。這種辯證的思路是一個成熟的採購談判者應該具備的。

第 *15* 章
採購支出成本的控制方法

　　採購支出成本包括物料維持成本、訂購管理成本以及採購不當導致的間接成本。採購方式是否合理，則直接關係著供應成本的高低。

　　採購支出常佔製造業總支出的 60%～80%，而大多數買賣業、製造型企業物料來源於採購，而其中的削減採購成本，就是製造業成本控制的核心環節。

　　採購支出成本是指與採購原材料部件、採購管理活動相關的物流費用，包括採購訂單費用、採購計劃制訂人員的管理費用、採購人員管理費用等，但不包括物品採購價格。

一、採購支出成本

　　在該概念中，採購支出成本通常包括物料的物料維持成本、訂購管理成本以及採購不當導致的間接成本。企業採購支出成本的主

要部份如圖所示。

圖 15-1　企業採購支出成本的主要部份

1. 材料維持成本

材料維持成本是指為保持物料而發生的成本。它可以分為固定成本和變動成本。

①固定成本與採購數量無關，如倉庫折舊、倉庫員工的固定工資等。

②變動成本則與採購數量有關，如物料資金的應計利息、物料的破損和變質損失、物料的保險費用等。

⑶材料維持成本的具體項目

具體項目如表 15-1 所示。

2. 訂購管理成本

訂購管理成本是指企業為了實現一次採購而進行的各種活動的費用，如辦公費、差旅費、郵資、電報電話費等支出，訂購管理成本包括活動相關的費用見表 15-2。

表 15-1 材料維持成本的具體項目

序號	項目	備註
1	維持費用	存貨的品質維持需要資金的投入。投入了資金就使其他需要使用資金的地方喪失了使用這筆資金的機會，如果每年其他使用這筆資金的地方的投資報酬率為 20%,即每年存貨資金成本為這筆資金的 20%
2	搬運支出	存貨數量增加，則搬運和裝卸的機會也增加，搬運工人與搬運設備同樣增加，其搬運支出一樣增加
3	倉儲成本	倉庫的租金及倉庫管理、盤點、維護設施(如保安、消防等)的費用
4	折舊及陳腐成本	存貨容易發生品質變異、破損、報廢、價值下跌、呆滯料的出現等，因而所喪失的費用就加大
5	其他支出	如存貨的保險費用、其他管理費用等

表 15-2 訂購管理成本的費用

序號	項目	備註
1	請購手續費	請購所花的人工費用、事務用品費用、主管及有關部門的審查費用
2	採購成本	估價、詢價、比價、議價、採購、通信聯絡、事務用品等所花的費用
3	進貨驗收成本	檢驗人員的驗收手續所花費的人工費用、交通費用、檢驗儀器儀表費用等
4	進庫成本	物料搬運所花費的成本
5	其他成本	如會計入賬支付款項等所花費的成本等

3.採購不當所導致的間接成本

　　採購不當的間接成本是指由於採購中斷或者採購過早而造成的損失，包括待料停工損失、延遲發貨損失、喪失銷售機會損失和商譽損失。如果損失客戶，還可能為企業造成間接或長期損失。採購不當導致的間接成本可以分為以下五種：

　　①採購過早極其管理成本。過早地採購會導致企業在物料管理費用上的增加，比如用於管理的人工費用、庫存費用、搬運費用等。一旦訂單取消，過早採購的物料容易形成呆滯料。

　　②安全存貨及其成本。許多企業都會考慮保持一定數量的安全存貨，即緩衝存貨，以防在需求或提前期方面的不確定性。但是困難在於確定何時需要及保持多少安全存貨，因為存貨太多意味著多餘的庫存；而安全存貨不足則意味著斷料、缺貨或失銷。

　　③延期交貨及其成本。延期交貨可以有兩種形式：缺貨可以在下次規則訂貨中得到補充；利用快速運送延期交貨。

　　a.在前一種形式下，如果客戶願意等到下一個週期交貨，那麼企業實際上沒有什麼損失；但如果經常缺貨，客戶可能就會轉向其他企業。

　　b.利用快速運送延期交貨，則會發生特殊訂單處理和送貨費用。而這項費用相對於規則補充的普通處理費用要高。

　　④失銷成本。儘管一些客戶可以允許延期交貨，但仍有一些客戶會轉向其他企業。在這種情況下，缺貨導致失銷。對於企業的直接損失是這種貨物的利潤損失。除了利潤的損失，還應該包括當初負責這筆業務的銷售人員的人力、精力浪費，這就是機會損失，而且也很難確定在一些情況下的失銷總量。例如，許多客戶習慣電話

訂貨，在這種情況下，客戶只是詢問是否有貨，而未指出要訂貨多少。如果這種產品沒貨，那麼客戶就不會說明需要多少，對方也就不會知道損失的總量。同時，也很難估計一次缺貨對未來銷售的影響。

⑤失去客戶的成本。由於缺貨而失去客戶，使客戶轉向另一家企業。若失去了客戶，也就失去了一系列收入，這種缺貨造成的損失很難估計。除了利潤損失，還有由於缺貨造成的信譽損失。信譽很難度量，因此在採購成本控制中常被忽略，但它對未來銷售及客戶經營活動卻非常重要。

二、物料採購成本控制的六種策略

採購工作是企業成本中最大的一個部份，如何提高物料採購效率，有效控制物料採購成本呢？

1. 選擇採購管道

企業常用的物料的來源比較多，包括：企業自行生產加工，國內供應商處採購，國外供應商處採購，客戶提供，委託專業工廠加工等。如果從成本控制的角度考慮，國內採購提供，省力又省心；等等，生產主管要根據企業的實際狀況、生產發展的需要、客戶的訂單需求等，綜合權衡、比較，從而確定物料採購的管道。因為生產主管不僅要考慮物料採購的成本，還要考慮其他邊際成本，如運輸成本、倉儲成本會不會加大，生產加工複雜程度會不會提高，企業的整體利益會不會下降等。

2. 優選供應商

合理的供應鏈管理可以使企業通過最小的成本獲得最大的收益。企業要優化供應鏈，從整體上降低生產成本，選擇適宜的供應商是非常重要的。企業在選擇供應商時，可從以下幾點入手：

- 供應商是生產廠商。
- 首選批量穩定的供應商。
- 供應商與企業協同發展。
- 供應商要具有很強的增值服務能力。
- 對供應商能力和信譽進行考核。
- 多管道收集信息，開發新的供應商。

3. 按生產計劃採購物料

在進行物料採購時，要把握的重要一條就是：要按生產計劃來採購物料。對於常用的、通用的消耗性物料，企業多備一些是沒有問題的。但出於成本控制的考慮，按生產計劃採購物料是完全可行的，盡可能減少物料的庫存量，以降低物料的管理成本、搬運成本等。

4. 完善企業的採購成本控制制度

採購成本控制制度，是保障企業順利運營的基礎，也是保證與供應商互惠共贏的基礎。可以把實際工作中的經驗及教訓融入採購制度，漸漸形成標準化的規定，要求人人遵守即可。

5. 嚴格批核所採購的物料

向供應商要利潤是物料採購成本控制的核心。生產主管可以採用 3 種策略，在保證同質的情況下降低物料採購的成本。

(1)瞭解所採購的物料是由那些材料組成的，全面分析其製造成

本。

(2)瞭解所採購的物料可用在什麼地方，以及該物料的需求量和售價。

(3)瞭解所採購的物料的替代品有那些，獲取新供應商的信息。

嚴格批核物料採購，可以獲得最優的採購價格，也可以減少採購人員「灰色收入」的機會。

6. 掌握採購物料的方法

在進行物料採購時，可根據情況採取不同的方法：

(1)招標採購。將所要採購物料的所有條件，如物料名稱、規格、數量、交貨日期、付款條件、罰則、投標廠商資格、開標日期等詳細列明，並在報紙、internet 等媒體上公告。

投標廠商依照公告的所有條件，在規定時間內參加投標。該方法是企業獲得供應商信息的一個重要方法，而且通過競標的方式可以快速獲得質優價廉的物料。該方法對於採購批量物料是非常有效的。

(2)集中採購。有些企業規模較大，在採購大批量的物料時，採用集中採購的方法，可以降低物料的整體價格。

鋼板、化工物料、電子零件等大宗原材料都實行集中採購，通過這些措施，所採購原來的幾百種減少為十幾種。採購產品種類減少，實現了集中採購。僅此一項改進，就使得採購上節約成本。

(3)聯合採購。現在是一個合作性的時代，行業之間的合作成為必然，因此，行業之間的不同企業可以形成一個利益共同體，共同進退，這樣，各企業都會獲得一些價格比較低的物料，其結果是使生產成本降低。

(4)電子採購。電子採購操作比較方便，只要可以上網，申請一個帳號，發出採購申請，標明採購產品的內容及要求，然後等待網站的審批。一旦審批通過，採購即變成一個有效的申請。供應商只要在網上下單，就可以順利完成，甚至連發票都是電子發票、支付也是電子支付，方便快捷，正大光明。由於比較的空間較大，可以降低成本，更重要的是時間成本可以大大下降。

三、如何控制採購成本

控制採購成本對一個企業的經營業績至關重要。採購成本下降不僅體現在企業現金流出的減少，而且直接體現在產品成本的下降、利潤的增加，以及企業競爭力的增強，企業控制採購成本分為兩個部份：

（一）內部控制
①建立有效的全過程的監控體系。

全過程監控體系需要重點控制採購的四個環節：計劃制定、合約簽訂、品質核對總和款項結算。對計劃的合理和準確性，合約的合法與公平性，驗收的透明度以及款項的結算進行行政監察、財務審計、制度考核等全方面監控，確保採購管理的規範運作。企業應重點關注對採購價格的監管，建立健全與自身相適應的價格管理體系，成立統一的價格管理委員會，負責採購價格的事前市場詢價、事中價格審批、事後考核工作，價格審批人員要對採購部門的物資到貨、價格審批記錄存檔、備案。同時，價格審批要相互制約，對

於一筆採購業務的審批，要形成自下而上逐級審批方可生效的內部制約機制。

②建立完整的採購制度，為控制採購成本奠定基礎。

從制度上規範與優化採購流程。企業在採購之初，必須建立嚴格完善的採購制度，規範與優化採購業務流程，這是進行系統性採購的成本品質控制的基礎。採購制度應規定請購、審批、簽約、採購執行、檢驗、入庫等採購流程，明確採購工作的標準，規範日常請購行為，嚴格審批手續。規範業務流程，細分信息、計劃、採購、結算的職責，明確各自責任，使採購價格內部透明化，各職能部門之間既分工協作，又互相制約，避免業務工作中暗箱操作。

③完善採購人才的培養與激勵機制。

注重人才的儲備，改善採購人員專業、學歷結構。首先，定期對採購人員進行培訓教育、法制教育。提高風險防範意識和對社會腐敗現象的鑑別力、免疫力、抗干擾力，引導從業人員牢固樹立遵章守紀、把企業利益放在首位的觀念，全面提高職業道德水準；其次，定期對採購人員進行業務培訓，掌握採購管理知識和必備的相關知識、管理方法，特別是在工作中利用現代物流、現代管理手段和方法進行有效管理，利用品質管理活動促進管理水準的不斷提高；再次，建立約束機制，定期進行監督考核。明確相關工作紀律，利用工作檢查、通報信息、監察審記等各種形式，對採購人員進行有效監督。透過嚴格考核，實現優勝劣汰、競爭上崗；最後，根據建立的目標採購價格，對採購人員的工作進行獎懲。只有把適當的利益機制和約束機制、獎懲機制緊密結合，才能促使採購人員積極尋找貨源和降低成本的途徑，降低採購價格。

（二）外部控制

①供應商戰略關係管理。

新型的供需關係應該是建立在戰略層次上的供需關係。現代供需關係認為，供應商是零售商最重要的合作夥伴，應本著長期穩定互信互惠的原則來構建新型的供需鏈。要想建立一種既相對穩定又充滿競爭的機制，有供應保障能力和品質保證能力的物資供應鏈，必須選好供應商和加強供應商的管理，建立供應商戰略聯盟。

首先，要選擇合適的供應商。先是審查供應商的基本信息，包括公司組織結構是否健全、財務狀況是否穩定、生產的品種和產能、有那些客戶群體等。供應商透過基本的審查關後，可以派出由研發、採購、生產、品質管理等相關人員組成的團隊對其進行現場審查，做詳細的認證。之後，再由供應商開始產品送樣直到供應商的產品透過批量認證。

審查供應商最重要的環節是現場驗證和樣品抽驗。選擇合適的供應商時要做到：一是選擇綜合素質較好的供應商作為合作夥伴；二是當原來供應商的經營範圍與企業的需求不適應時，應調換供應商；三是應跟蹤供應商的誠信情況，定期對供應商的經營能力、科研開發能力等進行調查與系統評價。

其次，要建立供應商檔案和准入制度。對企業的正式供應商要建立檔案，供應商檔案除有編號、詳細聯繫方式和位址外，還應有付款條款、交貨條款、交貨期限、品質評級、銀行帳號等，每一個供應商檔案應經嚴格的審核才能歸檔。同時要建立供應商准入制度。

再次，要與重要供應商建立戰略性合作夥伴關係。選擇供應商

需要耗費一定的人力和物力，再加上考察和談判時間，成本很高。著眼於長期穩定的供應關係，與供應商建立一種長期合作的互惠互利的戰略夥伴關係，不僅可以保證交貨時間和品質，而且隨著訂貨量的增加，還可以得到價格上的優惠和付款條件的寬限。企業要把供應商的業務看成是自己業務的進一步拓展，創造條件幫助供應商把供應工作做得更好，共同努力應對供應商的困難；及時向供應商回饋消費者需求，幫助其改進生產設計、降低製造成本，貼近市場需要。只有雙方共同努力，降低供應商的成本，才能降低企業的採購成本，實現雙贏。

最後，要營造互惠互信的雙贏態勢。對供應商來說，長期穩定的市場銷售將降低銷售風險、能夠集中精力提供市場所需的商品並大量節約行銷費用。對企業來說，長期穩定的貨源將能得到大額採購折扣、商品的品質得到保證、大大降低脫銷斷貨和超儲積壓風險、並能降低招商和儲存等採購費用。

②採取合理有效的採購方法。

一是集中採購或聯合採購。集中採購是將各部門的需求集中起來，透過採購數量上的增加，形成規模採購，從而提高與供應商洽談的籌碼，獲得較優的價格，降低採購成本；而聯合採購是指同一城市或同一地區的一些企業對於某些原材料的採購實行聯合採購、分別付款使用的方式來擴大物資的採購量。

對一些大宗和批量的物品、易出現問題的物品、價值較高的物品、定期採購的物品等，企業在採購時都可以使用集中採購的方法。實施集中採購時要做到：歸口管理；加強計劃管理；減少分散採購途徑。集中採購或聯合採購的方法，有利於發揮大企業規模生

產的優勢或企業聯合的優勢。

首先，可以最大限度地壓低採購價格，降低採購成本，做到「少花錢，多辦事」。市場經濟條件下的市場規律表明，在不超出價格彈性範圍的情況下，購買商品的數量與價格呈反比關係，即定購量越大，價格越便宜。

其次，由於企業的需求量大，可以直接從廠家訂貨，減少了中間環節，降低了採購、運輸價格。

第三，集中採購或聯合採購可以減少人力資源浪費，達到提高效率，降低成本的目的。最後，可以避免庫房、庫區的重覆建設所造成的資金浪費。

二是可以利用 Internet 降低採購成本。

企業的採購管理不善，採購的材料價格過於昂貴或者品質低下，一部份是由於過多的人為因素和信息閉塞造成的，透過 Internet 可以減少人為因素和信息不暢通問題，在最大限度上降低採購成本。

利用 Internet 可以將採購信息進行整合和處理，統一從供應商訂貨，以求獲得最大批量折扣。如美國的沃爾瑪就是透過其零售管理信息系統將需要採購的信息統一彙集到總部，然後由總部再透過網路統一向供應商批量訂購，獲得最大限度實惠。

三是招標採購。

招標採購是國家大力推行的採購方式，可有效節約採購資金，大大降低採購成本，通常適用於大宗買賣。招標採購是物資採購的品質和價格的「預警器」。

由於實行公開、公平、公正的採購原則，將品質、價格、服務

和費用等置於採購行為的前面，使採購方有充足的時間對招標方進行選擇，而最易淘汰的就是那些質次價高的投標者。招標採購能事先預報出本次招標物資的品質狀況變化和價格水準趨向，從而為企業的決策者預報出本企業在報告期內生產成本升降和獲取利潤空間的大小。

由於實施競爭招標，採購者不僅為企業採購到了品質好的所需物資，而且能透過供應商的相互比價，最終得到底線的價格，並能獲得直接從廠家進貨的採購管道，從而有效降低採購成本。

同時，還有其他一些方法來對零售業的採購成本進行控制：

首先，充分進行採購市場的調查和資訊收集。一個企業的採購管理要達到一定水準，應充分注意對採購市場的調查和資訊的收集、整理。只有這樣，才能充分瞭解市場的狀況和價格的走勢，使自己處於有利地位。如有條件，企業可設專人從事這方面的工作，定期形成調研報告。

其次，選擇貨到付款方式或者現金交易降低採購成本。如果企業的資金充裕，或者銀行利率較低，採用該付款方式能給供應商帶來足夠的資金週轉，這樣往往能帶來較大的價格折扣。此外，對於進口材料、外匯幣種的選擇和匯率走勢也是要格外注意的。

再次，把握價格變動的時機。商品的價格常常會根據季節、市場供求情況變動，形成所謂淡季和旺季之分，淡季的價格往往比旺季的價格有很大幅度的下降，對於那些使用期限較長的商品，採購人員應注意價格變動的規律，把握好採購時機，以更低的價格採購到相同的產品。

四、採購成本的控制公式

從以上成本中可以看出，採購有「採購成本」和「採購支出成本」，成本控制可以從兩個方面入手：「優化採購支出」、「採購價格削減」。

目前這兩種成本控制觀還沒有形成一個系統的理論。在國外企業已經總結出了一套降低採購成本途徑的方法。下面是全美Fortune200 公司所使用的成本降低手法可以值得借鑑，以下將此介紹給大家。其具體方法如下。

1. Value Analysis(價值分析，VA)

價值分析著重於功能分析，力求用最低的生命週期成本，可靠地實現必要功能的、有組織的創造性活動。

價值分析中的「價值」是指評價某一事物與實現它的費用相比合理程度的尺度。

2. Value Engineering(價值工程，VE)

所謂價值工程，指的都是通過集體智慧和有組織的活動對產品或服務進行功能分析，使目標以最低的總成本(壽命週期成本)，可靠地實現產品或服務的必要功能，從而提高產品或服務的價值。價值工程主要思想是通過對選定研究對象的功能及費用分析，提高對象的價值。

針對產品或服務的功能加以研究，以最低的生命週期成本，透過剔除、簡化、變更、替代等方法，來達成降低成本的目的。價值分析是使用於新產品工程設計階段。而價值工程則是針對現有產品

的功能/成本，做系統化的研究與分析，但現今價值分析與價值工程已被視為同一概念使用。

3. Negotiation(談判)

談判是買賣雙方為了各自目標，達成彼此認同的協定過程，這也是採購人員應具備的最基本能力。談判並不只限於價格方面，也適用於某些特定需求。使用談判的方式，通常期望價格降低達到的幅度為 3%～5%。如果希望達成更大的降幅，則需運用價格/成本分析、價值分析與價值工程(VA/VE)等手法。

4. Target Costing(目標成本法)

大多數美國公司以及幾乎所有的歐洲公司，都是以成本加上利潤率來制定產品的價格。然而，他們剛把產品推向市場，便不得不開始削減價格，重新設計那些花費太大的產品，並承擔損失，而且，他們常常因為價格不正確，而不得不放棄一種很好的產品。產品的研發應以市場願意支付的價格為前提，因此必須假設競爭者產品的上市價，然後再來制定公司產品的價格。由於定價受成本驅動的舊思考模式，使得美國民生電子業不復存在。另外，豐田公司和日產公司把德國的豪華型轎車擠出了美國市場，便是採用價格引導成本(Price Drivencosting)的結果。

5. Early Supplier Involvement(早期供應商參與，ESI)

這是在產品設計初期，選擇讓具有夥伴關係的供應商參與新產品開發小組。

經由早期供應商參與的方式，新產品開發小組對供應商提出性能規格(Performance Specification)的要求，借助供應商的專

業知識來達到降低成本的目的。

6. Leveraging Purchases(杠杆採購)

各事業單位,或不同部門的需求量,以集中擴大採購量而增加議價空間的方式。避免各自採購,造成組織內不同事業單位向同一個供應商採購相同零件,卻價格不同,且彼此並不知的情形,平白喪失節省採購成本的機會。

7. Consortium Purchasing(聯合採購)

主要發生於非營利事業的採購,如醫院、學校等,統合各不同採購組織的需求量,以獲得較好的數量折扣價格。這也被應用於一般商業活動之中,應運而起的新興行業有第三者採購 (Third-party Purchasing),專門替那些 MRO 需求量不大的企業單位服務。

8. Design for Purchase(為便利採購而設計,DFP)

自製與外購(Make or Buy)的策略,在產品的設計階段,利用協力廠的標準制程與技術,以及使用工業標準零件,方便原物料的取得。如此一來,不僅大大減少了自製所需的技術支援,同時也降低了生產所需的成本。

9. Costand Price Analysis(價格與成本分析)

這是專業採購的基本工具,瞭解成本結構的基本要素,對採購者是非常重要的。如果採購不瞭解所買物品的成本結構,就不能算是瞭解所買的物品是否為公平合理的價格,同時也會失去許多降低採購成本的機會。

10. Standardization(標準化)

實施規格的標準化,為不同的產品專案、夾治具或零件使用共

通的設計/規格，或降低訂制專案的數目，以規模經濟量，達到降低製造成本的目的。但這只是標準化的其中一環，組織應擴大標準化的範圍至作業程序及制程上，以獲得更大的效益。

五、選擇更低成本的採購方式

採購方式是否合理，直接關係著供應成本的高低。因此，應針對各種發包品採購方式進行合理篩選，以便更好地控制供應成本。

通常情況下，採購方會透過集中採購和聯合採購方式，形成大批量採購，從而獲取供應商的價格折扣，實現低成本採購的極為有效的手段。

1. 集中採購

集中採購是企業設立的職能部門，統一為其他部門、機構或子公司提供採購服務的一種採購組織實施形式，特點如下：

① 採購數量大，可獲得價格折扣和良好的服務。

② 集中採購，可統一實施採購方針。

③ 可精簡人力，便於採購人員的培養和訓練。

④ 很難適應零星採購、地域採購以及緊急採購的需要。

集中採購雖然能夠獲得採購規模效益，但不是所有需求物品都可以採用集中採購的方式。

此外，採購方決定採用集中採購時，應做好以下三方面工作。

① 實施歸口管理。物料的採購、供應由採購部統一管理，實行集中批量採購。

② 加強計劃管理。計劃要準確、準時，並具備預測性。

③減少分散採購途徑。與具備集中供貨能力的供應商建立起長期的供需關係,定期核實供應商供貨的速度、品質、價格和服務能力,決定是否繼續與之合作。

2.聯合採購

聯合採購是指小型企業一起聯合起來,形成大批量採購,從而獲取價格折扣,實現低成本採購的一種手段。聯合採購的特點主要包括以下幾個方面。

①集小訂單成大訂單,可獲取採購規模優勢。

②聯合採購透過直接與製造商交易,可擺脫代理商的轉手成本,保障供應品質。

③聯合採購的作業手續複雜,容易因數量分配和到貨時間引起爭端。

④利用聯合採購,可進行「聯合壟斷」,操縱供應數量及價格。

不管採取何種採購方式,採購方都應權衡每次採購的數量。因為,採購數量會對供應成本產生影響。每次的訂購數量越多,所需訂購費用越少,但庫存費用越高。

為實現總成本最低的目標,採購方應分析總成本與庫存維持費用及訂購費用之間的關係,繼而選擇合適的訂購量,即經濟訂貨批量(EOQ)。

六、降低供應流程成本

影響供應成本的因素,從流程上來講,主要有三個方面:採購計劃、採購管道和發包手續成本。我們從這三個方面來討論如何降

低供應流程成本。

1. 制訂完善的採購計劃

制訂完善的採購計劃，可以按照以下 6 個步驟進行。

①選擇最佳產品類型。

②計劃適當的產品數量。

③設定合理的預期價格。

④確定合理的採購週期。

⑤慎重選擇產品來源。

⑥選擇合適的採購方法。

2. 打通合理的採購管道

供應商是企業所採購產品或服務的提供者，供應商提供的產品或服務的價格直接影響採購成本。

①慎重選擇供應商。建立嚴格的供應商選擇制度，以產品價格、品質、交貨期、信用度作為衡量供應商好壞標準，選擇供應商。

②與供應商共贏。充分瞭解供應商的利潤率，向供應商要利潤，節省供應成本，與供應商長期合作，互利共贏。

③開發新的供應商。不斷開發新的、更有實力的供應商，在供應商之間營造良性競爭，完善、穩定供應鏈。

3. 降低發包手續成本

要想降低發包手續所產生的成本，就必須從承辦發包工作的人員下手，降低發包人員的費用並提高發包效率。

①將發包品的規格加以整理。

②規格或零件類似的發包品集合起來一同發包。

③集中採購，供應商以一兩家為宜。

④發包工作標準化，避免發包工作中的各種浪費和損失。

⑤大宗外包品應確定三家以上的供應商。

七、選擇適宜的運輸包裝

發包品在運輸過程中，對其進行包裝的目的在於保護產品，使貨物從出廠起，經運輸、貯存、裝卸最終送到目的地的全過程都能得到保護而不受損。

1. 運輸包裝的類型

明確運輸包裝的類型，做好運輸包裝管理的優化。

2. 運輸包裝的選擇

明確運輸包裝的類型之後，就可以依據發包品的特性，選擇最合理的運輸包裝方式。

採購方須合理組織、安排運輸，包括選擇合適的運輸方式、運輸服務商及運輸車型，從而選擇最經濟安全的包裝類型，有效節約運輸成本。

⑴產品包裝應適應產品的特性。

⑵產品包裝應適應各種不同運輸方式的要求。

⑶產品包裝應滿足法律規定和客戶的要求。

⑷產品包裝應便於各環節有關人員進行操作。

⑸在保證產品包裝牢固的前提下節省費用。

八、挑選最適宜的運輸方式

選擇合理的運輸方式可降低運輸費用和運輸風險，常用的運輸方式包括公路運輸、鐵路運輸、水路運輸和航空運輸等，如表 15-3 所示。

表 15-3　常見運輸方式

運輸方式	優缺點	使用範圍
公路運輸	優點：機動靈活，運送範圍可長可短，貨物損耗小；運送速度快，可實現門對門運輸；短途運輸費用較低。 缺點：運輸能力小，運輸能耗高，易受氣候影響，如雨、雪、冷凍等	適合運送短途貨物，可與鐵路、水路聯運
鐵路運輸	優點：運輸成本較低，速度快，運輸能力大；受氣候影響小，連續性強，能保證全年運行；運輸的準確性和安全性較高。 缺點：不能實現門對門運輸，運輸手續較繁瑣	適合運送中、長距離，大批量，時間性強，可靠性要求高的貨物
水路運輸	優點：運輸能力大、距離長、成本低。 缺點：受自然條件影響較大，不能保證全年通航；運送速度慢	適合運距長、運量大、時間性不太強的貨物運輸
航空運輸	優點：運送速度快、機動性能好、運輸損耗較小。 缺點：運輸能力小、費用較高、易受氣候影響，如風暴、雨雪等	適用於體積小、價值高、時間緊急、易變質的貨物

九、合理選擇運輸服務商

選擇合適的運輸服務商，可保證貨物運送的時間和品質，降低貨物延期交付、丟失及損壞等風險。

採購方應全面評估運輸服務商的服務、可靠性、信譽和價格，

並選擇那些能夠密切支援企業業務目標,而不是僅能滿足運輸目標的運輸服務商。

同時,採購方應致力於與運輸服務商建立合作關係。在合作過程中,採購方需考慮以下因素:

①與運輸服務商共用運力和負載預測。

②讓運輸服務商在裝貨前事先瞭解貨物數量的變化。

③減少在裝貨和交貨時的司機週轉時間。

④提高裝貨與交貨時間的靈活性。

總之,要選擇合適的運輸服務商,必須根據本企業的運作模式、產品特點、服務要求、成本控制等對運輸服務商進行評估。此外,運輸服務商的資質、軟硬體情況等也是選擇時必須考慮的因素。

十、降低產品驗收成本

產品驗收成本是指為評定供應商所提供產品是否滿足規定的品質要求,進行試驗、核對總和檢查費用。

表 15-4　驗收成本的構成項目

構成	說明
外購原材料的檢驗費	為確定外購原材料的品質而支付的費用
工序檢驗費	在產品製造過程中,對產品進行全部測試、抽樣核對總和其他檢驗而支付的費用
成品檢驗費	在出廠前,對成品進行全部檢驗或測試而支付的費用
品質實驗室的運行費	在生產過程中,實驗室為檢驗材料品質而支付的運行費用

要想降低產品的驗收成本，除了要做好產品驗收管理，還應從各方面做好防護措施，降低產品驗收成本的措施。

此外，採用更為先進的驗收技術和設備、對大批量外包品進行抽檢等措施，也可以幫助採購方有效地降低產品驗收成本。

表 15-5　降低產品驗收成本的措施

措施	說明
明確產品規格和圖樣的要求	擬定一套合適的法則，確保供應要求得以明確敍述、溝通，並為供應商所瞭解。這些法則包括：擬定產品規格、圖樣要求，下單前買賣雙方會談的書面程序，以及其他適用地採購方法
簽訂品質保證協議	對供應商應付的品質保證責任，以書面的形式達成明確的協定。品質保證條款應與企業經營需求相一致，避免不必要的成本浪費
協定驗證方法	對於是否符合企業要求而設定查驗方法，應與供應商事先協定
制定解決物料糾紛的條款	與供應商制定各種制度及程序，以解決品質糾紛
接收檢驗計劃與管理	建立適當的方法，以確保接收的物料有適當的管制
做好接收品質記錄	保持適當的接收品質記錄，確保以往的資料完備，用以預測供應商的績效和品質趨勢

十一、輔導供應商的降低成本

除了在估價、詢價、比價、殺價上下一番工夫外，採購方還可積極輔導供應商，促使其降低內部運營成本，希望外包價格也會隨之下降。對此，採購方可以從以下兩方面入手：

1. 降低人工成本

降低人工成本可以從生產效率的提升、消除人員利用的浪費入

手,具體可以從以下方式入手。

(1)提升生產效率

一方面可以透過價值工程(VE)改善,設計易於加工的結構,降低誤差要求和修整的必要性,減少不必要產品的設計,從產品要求的源頭上提高供應商的生產效率;另一方面可以借助工業工程(IE)改善,進行合理的生產佈局,選取最適宜的設備等。當生產效率提高了,人工成本也隨之降低了。

(2)消除人員利用的浪費

最常見的人員浪費主要表現為超過生產計劃的過剩人力和作業者的工作激情引起的產量下降。對此,企業可以幫助供應商科學預估人力需求,進行合理的人力匹配,並實施有效的人員激勵措施,從而減少人員利用方面的浪費。

2.降低材料成本

優化加工技術,控制並減少材料損耗,可以達到降低直接材料成本的目的。採購方可以從降低材料損耗這一方面對供應商進行輔導。

⑴在不影響原有設計風格的前提下,不能生硬地拘泥於加工圖紙的標註尺寸,加強與設計人員的溝通,避免材料損耗的產生。

⑵在某些特殊情況下,不斷調整設計方案、優化加工技術是降低材料損耗的方法之一。

⑶借助合理的製造加工方案,可以有效控制材料損耗。在開展降低材料損耗活動時,供應商應遵循以下步驟。

①鎖定目標,確立要因。成立 QC 小組(品質改善小組),開展現狀調查,對產品材料損耗進行分析,統計出產品材料損耗的具體

情況，找出導致材料損耗的主要原因，並合理設定產品材料損耗下降的目標。

②制定對策，完善管理。QC 小組針對導致材料損耗的要因，制定相關對策。同時，明確責任人、預計完成時間。至於預期成效如何，可透過檢核表(表 15-6)進行自我檢核，發現問題後再進一步完善。

表 15-6　材料損耗降低活動檢核表

序號	要因	對策	目標	措施
1	主材料存在差異	加強管控,督促供應商進行改進	材料故障率降低至3%	要求供應商提供不良材料改進報告；研發人員落實改進方案；相關部門按改進方案實施
2	缺乏材料性能複檢	建立材料性能複檢方法	材料實際損耗率降低60%	協調質檢、生產、技術等部門人員建立材料性能複檢操作方法
3	以舊換新的比例設置較低	建立故障材料修復管道	實現故障材料100%由供應商回收更換	聯合採購、來料檢驗、生產和計劃等部門會同供應商建立故障材料回收更換方法

3. 協助供應商降低成本

採購方還可以輔導供應商從降低製造費用、提高間接人員工作效率這兩方面入手，以協助供應商降低運營成本。

不管採用何種方法，企業應輔導供應商盡可能地降低運營成

本,以實現採供雙方共贏。

4. 供應商參與

在產品設計初期,選擇準供應商或已具有良好合作夥伴關係的供應商,參與到新品開發小組的研發工作。新品開發小組一方面可以對供應商提出性能規格要求,另一方面借助供應商的專業知識來達到降低物料成本的目的。

十二、確定採購價格的技巧

供應商成本的高低是影響價格最根本、最直接的因素。因此,採購價格一般在供應商成本之上,兩者之差即為供應商的利潤。採購價格的高低直接關係到企業最終產品或服務價格的高低。

1. 價比三家

⑴通常詢價之後,可能有 2~5 個供應商報價,經過報價分析與審查,然後按報價高低次序排列。

⑵先找價格排行第三低者來議價,探知其降低的限度後,再找第二低者來談價,經過這兩次議價,底價就可浮現出來。

⑶若底價比原來報價最低者還低,表示第三、第二低者承做意願相當高,則可再找原來報價最低者來議價。以前述第三、第二者降價後的底價為籌碼,要求最低者降至底價以下來承做。

⑷若原來報價最低者不願降價,則可交與第二或第三低者按議價後的最低價格成交。

2. 善借主管威力

通常供應商不會自動降價,必須據理力爭。但是,供應商的降

價意願與幅度，視議價的對象而定。如果採購人員對議價的結果不太滿意，此時可要求上級主管來和供應商議價。

當買方提高參與議價的層次，賣方有受到敬重的感覺，可能同意提高降價的幅度。若採購金額巨大，採購人員甚至進而請求更高層的主管(如採購經理，甚至副總經理或總經理)邀約賣方的主管面談，或直接由買方的同級主管與對方的高層主管直接對話，此舉通常可獲得意外的議價效果。

3. 成本價格分析

採購的目的之一是為了獲得最合理的價格，必須深入瞭解供應商的底價。若能要求供應商提供詳細的成本分析表，則「殺價」才不致發生錯誤，特別是擬購的物品是由幾個不同的零件組合並逐一報價；另外如果由專業製造此等零件的廠商另行獨立報價，就可尋求最低的報價或總價，作為議價的依據。

4. 直接找尋供應來源

若當單一來源的供應商或總代理對採購人員的議價要求置之不理時，若能擺脫總代理，尋求原廠的報價將是良策。

對總代理在議價的過程中應辨認其虛實。因為有些供應商自稱為總代理，事實上，並未與國外原廠簽任何合約或協議。為此，當向國外原廠詢價時，多半會獲得回音。可委託總代理原廠國的某貿易商，先行在該國購入該物品，再運至目的地。因為總代理的利潤偏高，此種安排雖然費用增加，但總成本還是比透過總代理購入的價格便宜。

5. 協商合理利潤

為了避免供應商在處於優勢下攫取暴利，可同意供應商有合理

的利潤，否則胡亂殺價，仍然給予供應商可乘之機。因此，通常由企業要求供應商提供所有的成本資料。以國外貨品而言，則請總代理提供一切進口單據，藉以查核真實的成本，然後共同協商並計算出合理的價格，以達到雙贏的目的。

第 *16* 章

採購談判管理辦法

　　介紹各種談判能力、採購談判、議價技巧、採購合約、採購價格管理的具體管理辦法。

附錄 1　有關價格的採購管理制度

第 1 章　總則

　　第 1 條　為規範採購價格管理流程和採購價格審核管理,確保所購物料高品質、低價格,從而實現降低成本的目標,特制定本制度。

　　第 2 條　各項物料採購價格的分析、審核和確認,除另有規定外,均依照本制度處理。本制度所涉及的物料採購,既包括生產所需的各項原材料、設備以及配件的採購,也包括公司所需辦公物品的採購。

　　第 3 條　採購部負責本制度制定、修改和廢止的起草工作;公司主管副總經理和總經理負責本制度制定、修改、廢止的核准工作。

第 2 章　價格審核規定

第 4 條　詢價、議價

⑴採購人員應選擇三家以上符合採購條件的供應商作為詢價對象。

⑵供應商提供報價的物料規格與請購規格不同或屬代用品時，採購人員應送採購需求部門確認。

⑶專業材料、用品或項目的採購，採購部應會同使用部門共同詢價與議價。

⑷已核定的材料，採購部必須經常分析或收集資料，作為降低成本之依據。

⑸議價採用採購交互議價之方式。

⑹議價應注意品質、交期、服務兼顧。

第 5 條　價格調查

⑴本公司各有關單位和部門，均有義務協助提供價格信息，以便有利於採購部進行比價參考。

⑵採購部根據價格調查信息，對採購物料成本進行分析，目的在於確定物料成本的合理性和適當性。進行成本分析的項目包括以下七項內容。

①物料的製作方法和生產技術。

②物料製作所需的特殊設備和工具。

③物料生產所耗費的直接或間接的人工成本。

④物料生產所耗費的直接或間接的材料成本。

⑤物料生產製造所需的費用或者外包費用。

⑥物料行銷費用。

⑦物料管理費用以及稅收。

(3)價格調查的相關資料，可向物料供應商索取。

第 6 條　價格制定

(1)物料價格的種類。物料價格包括物料的到廠價、出廠價、現金價、期票價、淨價、毛價、現貨價以及合約價等。

(2)公司所購物料價格的制定可採用成本加成法、市價法以及投資報酬率法等方法來確定。

(3)物料價格的參考計算公式，如下所示。

計算公式	$P = X \times a + Y \times (b + c) \times d + Z$
說明	P——物料的價格
	X——物料生產製造所需的材料需求量
	a——物料所需材料的單價
	Y——物料生產製造所需要的標準時間（主要作業時間＋作業準備時間）
	b——單位時間的薪資率
	c——單位時間的費用
	d——修正係數，主要指非正常狀態下的特殊情況，包括趕貨、試用樣品的生產等
	Z——物料生產商的預期利潤

(4)物料價格的計算並不一定完全按照此計算公式進行，可根據所購物料的具體特性以及採購人員的經驗判斷靈活進行。物料價格的計算是為了在採購過程中精確確定供應商的價格底線，協助進行

採購談判。

第 7 條　價格審核

(1)採購人員詢價、議價完成後，於《請購單》上填寫詢價或議價結果，必要時附上書面說明。

(2)採購合約主管進行審核，認為需要再進一步議價時，退回採購人員重新議價，或由主管親自與供應商議價。

(3)採購部主管審核之價格，呈分管副總經理審核，並呈總經理確認批准。

(4)副總經理、總經理均可視需要再行議價或要求採購部進一步議價。

(5)採購核准權限規定，不論金額多少，均應先經採購經理審核，再呈總經理核准。

第 8 條　已核定的物料採購單價如需上漲或降低，應以《單價審核單》形式重新報批，且附上書面的原因說明。

第 9 條　單價漲跌的審核，應參照新價格的審核流程執行。

第 10 條　採購數量或頻率有明顯增加時，應要求供應商適當降低單價。

第 3 章　價款支付規定

第 11 條　物料定購

(1)採購人員以《訂購單》的形式向供應商訂購物料，並以電話或傳真形式確認交期。

(2)若屬一份訂購單多次分批交貨的情形，採購人員應在《訂購單》上明確註明。

(3)採購人員要控制物料訂購交期，及時向供應商跟催交貨進

度。

第 12 條　供應商提供的物料，必須經過本公司倉庫、品質管理部、採購等部門人員之相關驗收後方能支付貨款，主要包括下列八項內容。

(1) 確認訂購單。

(2) 確認供應商。

(3) 確認送到日期。

(4) 確認物料的名稱與規格。

(5) 清點數量。

(6) 品質檢驗。

(7) 處理短損。

(8) 退還不合格品。

第 13 條　驗收與付款

採購人員根據公司財務管理規定，在物料品質檢驗合格的情況下，會同財務部履行付款義務。

第 14 條　付款方式

(1) 付款方式：信用證付款、直接付款和托收付款，

(2) 貨款支付手段：貨幣和匯票，公司鼓勵採用匯票的貨款支付方式。

(3) 付款時間：預付款、即期付款和延期付款。

第 4 章　附則

第 15 條　本制度由採購部負責制訂、解釋並檢查、考核，採購合約主管負責日常採購價格管理工作。

第 16 條　本制度報總經理批准後施行，修改時也應報總經理

批准。

第 17 條 本制度施行後，原有的相似制度或管理辦法自動廢止，與本制度有抵觸的規定以本制度為準。

第 18 條 本制度自頒佈之日起施行。

附錄 2 有關談判的採購談判管理方案

一、採購談判

參加人員有採購部經理、採購合約主管、採購合約專員。

二、採購談判的原則

在談判過程中，不僅要從公司自身的利益出發考慮談判的方式和技巧，也要透過換位思考的方式，從對方的利益角度考慮談判目標的實現，努力實現合約談判過程中的互利互惠原則，以不損害談判雙方的友好合作關係為前提。

(一)時間原則

在談判前和談判中透過時間技巧掌握談判的主動權，力求速戰速決。

(二)信息原則

信息的掌握在很大程度上決定著談判的成功與否。在談判前透過各種管道佔有各類與談判有關的信息，在談判過程中透過對談判信息的總結、提升轉化為談判的優勢。

（三）誠信原則

誠信是談判成功的基礎，是與供應商保持長期良好合作關係的前提。在談判中嚴禁使用涉嫌欺詐的方式和手段。

三、談判目標

項目 層次	價格	支付 方式	交貨 條件	運輸 費用	產品 規格	品質 標準	服務 標準
最優目標							
可接受目標							
最低限度目標							

四、談判項目

（一）物料品質

物料品質應滿足公司生產的需要，並附有產品合格說明書、檢驗合格證書、物料的有效使用年限等。

（二）包裝

包括內包裝和外包裝，應根據談判價格確定具體的包裝形式。

（三）價格

明確合理的採購價格，可以給供應商帶來銷售量的增加、銷售費用的減少、庫存的降低等利好因素。

（四）訂購量

根據公司生產的實際進度和公司倉儲的能力確定訂購量。

（五）折扣

折扣有數量折扣、付現金折扣、無退料折扣、季節性折扣以及

新品折扣等。

(六)付款條件

綜合分析一次性付款、月結付款和付款方式帶來的替代效應，選擇最為有利的付款方式。

(七)交貨期

交貨期的確定以不影響公司的正常生產為前提，結合公司貨物存放的成本，儘量選擇分批供貨。

(八)售後服務事項

售後服務事項包括維修保證、品質保證、退換貨等內容。

五、談判準備

(一)信息收集

1. 談判模式及價格的歷史資料

目的：瞭解供應商談判技巧和供應商處理上次談判的方式。

2. 產品與服務的歷史資料

目的：價格的上漲有時隱含著物料品質的下降，可作為談判的籌碼。

3. 宏觀環境資料

目的：瞭解政府法令、公司政策等，增強談判力。

4. 供應商情報資料

目的：瞭解價格趨勢、科技重要發明、市場佔有率等供應商產品市場信息，做到知己知彼。

5. 主要合約條款的起草

起草一份公司熟悉的採購合約，列舉出主要的合約條款。

（二）議價分析

⑴採購人員在財務部相關人員的幫助下，對物料成本進行專業分析，確定議價底線。

⑵進行比價分析。

進行比價分析時，需要分析以下兩項內容。

①價格分析。即對相同成分或規格的產品的售價或服務進行比較，至少要選取三家以上的供應商。

②成本分析。即將總成本分為人工、原料、外包、費用、利潤等，以便為討價還價準備籌碼。

⑶確定實際與合理的價格。

六、採購談判的優劣勢分析

（一）關注公司作為買方的實力

⑴採購數量的大小。

⑵主要原料。

⑶標準化或沒有差異化的產品。

⑷利潤的大小。

⑸商情的把握程度。

（二）供應商作為賣方的實力

⑴是否獨家供應或獨佔市場。

⑵複雜性或差異化很大的產品。

⑶產品轉換成本的大小。

（三）替代品分析

⑴可替代產品的可選種類。

⑵替代產品的差異性。

(四)競爭者分析

⑴所處行業的成長性。

⑵競爭的激烈程度。

⑶行業的資本密集程度。

(五)新供應商的開發

⑴資金需求的大小。

⑵供應物料的差異性。

⑶採購管道的建立成本。

七、採購談判的議程

(一)談判時間

時間：××年×月×日～××年×月×日。

每日：上午：8：30～11：30

(二)談判地點

地點：××市××會議室

八、採購談判過程

採購談判過程主要分為四個階段，具體內容如下所示。

第一階段	第二階段	第三階段	第四階段
開局	報價	磋商	成交
1. 建立良好談判氣氛 2. 交換相關談判內容與意見 3. 雙方進行開場陳述	1. 把握報價原則：可以採取書面報價或口頭報價方式 2. 報價要確定合理的報價範圍	1. 磋商的形式，主要包括書面或面對面兩種形式，一般以面談為主 2. 把握磋商的反覆性，磋商的過程就是討價還價的過程 3. 磋商過程中適當讓步	1. 達到成交目的的策略，包括最後通牒、折中等 2. 爭取完全成交，在完全成交不現實時，把握部份成交 3. 簽署協定。談判的成果只有在協定簽署以後才能成立

九、談判特殊情況的處理

⑴採購部經理根據談判的具體情況，從總體上把握談判的進程，並在自己的權限範圍內靈活處理談判中出現的新情況和新問題。

⑵對採購部經理無法決定的談判內容，應報請主管副總經理和總經理進行審核批准。

附錄 3　有關詢價的採購詢價管理制度

第 1 章　總則

第 1 條　目的

為規範企業採購活動的詢價工作,使採購詢價工作順利進行並有效地控制採購價格,提高採購管理水準,特制定本制度。本制度適用於本企業詢價採購活動。

第 2 條　職責劃分

1. 採購總監負責採購詢價結果的審核。

2. 採購經理組織並監督實施詢價工作。

3. 採購專員負責落實企業採購的具體詢價工作。

4. 相關部門提出採購需求並提供相關資料。

第 2 章　採購詢價準備

第 3 條　明確詢價採購的適用條件

採購物資符合下列條件的,可以依照本制度採用詢價方式採購。

1. 物資規格、標準統一。

2. 現貨貨源充足:

3. 價格變化幅度小。

第 4 條　不能採用詢價方式採購的情況

採購物資有下列情形之一的,不能採用詢價方式採購。

1. 沒有國家、行業標準,或者雖有國家、行業標準,但市場上

的具體生產標準未統一的。

2. 採取訂單形式生產、銷售，或者雖不採取訂單形式生產、銷售，但市場上貨源管道有限，無法隨時提供的。

3. 同類產品價格變化幅度較大的。

4. 其他不能採用詢價方式採購的情形。

第 5 條　詢價的內容

採購詢價過程中，採購專員應明確 14 點相關內容。

1. 採購物資的品名與料號

2. 採購數量

3. 採購物資的規格信息

4. 採購物資的品質要求

5. 採購報價基礎要求

6. 付款條件

7. 交期要求

8. 物資包裝要求

9. 運送方式、交貨方式

10. 交貨地點

11. 採購人員聯絡方式

12. 報價到期日

13. 保密協定內容

14. 售後服務與保證期限

第 3 章　實施採購詢價辦法

第 6 條　採購詢價程序

採購詢價可按照採購詢價程序進行，具體的詢價程序如下所

示。

1. 相關部門提出採購需求，經批准後由採購經理制訂詢價計劃。

2. 根據採購經理的安排，採購專員進行詢價準備，收集相關資料，透過查閱供應商信息庫和市場調查報告等方式掌握供應市場的信息。

3. 採購專員根據市場調查與分析結果選擇符合詢價條件的供應商名單，並交採購經理審核確認。

4. 經採購經理審核確認後，採購專員編制詢價文件，並向詢價供應商發出詢價通知。

5. 採購專員應在規定的詢價截止日期前收集所有供應商的報價。

6. 採購專員在截止報價後，匯總並整理所有報價，經過對比分析，編制「採購詢價報告」交送採購經理審核。詢價報告的內容如下所示。

- 參加詢價的供應商名單
- 參加報價的供應商名單及報價情況
- 詢價文件規定的採購項目最低要求
- 供應商報價文件滿足詢價文件規定的採購項目最低要求情況
- 未參加報價的供應商名單及原因
- 推薦的成交候選供應商，或者獲得採購人授權直接確定的成交供應商

7. 經採購經理審核並提出採購意見後，由採購總監對「採購詢

價報告」進行審批，確定候選的交易供應商。

8.採購部根據採購詢價執行具體的採購活動。

第7條 採購詢價作業要求

1.對於非初次採購的物資，採購專員應在供應商庫中查詢原供應商，並直接列入詢價供應商名單。

2.採購詢價過程中，屬於需附圖紙或規範的物資，採購專員應在發送詢價通知時附上圖紙或規範，發送給詢價供應商。

3.採購詢價過程中，採購專員應明確報價期限，確保採購作業的時效性與公平性，對於逾期報價的供應商一律不予受理（經採購總監核准的除外）。

4.設備類物資的「詢價單」中應至少註明四項內容。

⑴供應商必須提供設備運轉若干年的品質承諾，對於保質期內所需的各項備品，供應商應當無償提供。

⑵供應商必須列舉保質期滿後保養所需的「備品明細單」，包括品名、規格、單價、更換週期等，並註明備品價格的有效年限與日後調價原則。

⑶供應商必須提供設備的裝運條件及其體積與重量。

⑷設備安裝、試運行條件等。

第8條 詢價失敗

1.對於詢價失敗的採購，採購專員需將採購失敗的原因彙報給採購主管，由採購主管上報採購經理，以便採購經理採取措施進行處理。

2.在詢價過程中，有下列情形之一的，則詢價失敗。

⑴參加詢價的供應商均被淘汰。

⑵詢價結束,供應商報價文件均不能滿足詢價文件規定的採購項目最低要求。

⑶供應商報價均超過採購預算或者本次採購項目的最高限價。

⑷其他無法繼續開展詢價或者無法成交的情形。

3. 如果詢價失敗,可採取取消採購、尋找替代品或重新選擇供應商等辦法。

第 4 章　附則

第 9 條　本制度由採購部制定、解釋,自頒佈之日起執行。

第 10 條　本制瘦由採購部修訂,經總經理審批通過後生效並實施。

附錄 4　有關審計的採購價格審計辦法

第 1 章　總則

第 1 條　目的

採購價格審計的目的有以下幾點:

1. 開展採購物資價格審計,透過行使審計的監督職能,發現採購環節的漏洞。

2. 能夠堵塞採購環節的漏洞,確保採購價格合理。

3. 能夠降低採購價格,提高經濟效益。

第 2 條　管理職責

1. 採購經理負責監督採購稽核主管的採購價格審核工作。

2. 採購稽核主管負責採購價格的審核。

3. 相關人員配合採購稽核主管進行採購價格的審計工作。

第 3 條　術語解釋

物資採購價格審計是指公司內部稽核人員以採購價格及其構成要素為對象，對公司內部有關職能部門使用資金獲取物資的價格進行審核、監督、評價，確認採購價格的合理性、合法性、效益性，以促進企業實現價值最大化的經濟效益。

第 2 章　審計準備工作

第 4 條　確定審計方法

1. 採購稽核主管在進行審計之前需明確採購價格審計的方法。

2. 採購價格審計主要採取抽查的審計方法，其總體原則是「抓大放小」，把金額大或易出現經濟問題的主要物資作為審計的重點，對其實施嚴格的審核程序；而對於零星物資，則實施簡單程序。

3. 審計的一般流程是參加相關會議、收集資料、取證查詢、審核分析，對審計發現的問題提出改進意見：

4. 對於較重要的物資採購，可以採用資料查閱、現場盤查、網上查詢等調查分析法，分析掌握物資採購情況，提出審計意見或建議。

5. 對於一般物資的採購，以送達審計方法為主，必要時採用就地審計，可運用審閱、函證、比較、分析等方法。

第 5 條　確定審計內容

採購稽核主管需明確採購價格審計的內容，具體內容如下所示。

1. 物資採購價格是否合理。

2. 物資採購計劃的編制和管理的審計。

3. 物資採購的方式、方法等。

4. 物資採購合約的合法性、嚴密性,合約條款履行的可行性、完整性等。

第 6 條　編制採購價格審計方案

採購稽核主管確定相關細節後,需編制採購價格審計方案,報採購經理審批,審批通過後方可執行。

第 7 條　採購價格審計的注意事項

採購稽核主管實施採購價格審計時應注意以下幾個問題。

1. 嚴格按照法定的程序和職責權限開展審計,對發現違法違紀的問題應依法嚴肅處理,不得徇私舞弊,也不得越權行事。

2. 在審計過程中,必須處理好與其他管理部門的關係,在各行其政、各負其責的基礎上,注意加強部門間的溝通和交流,增進理解和尊重,確立相互協作、密切配合的採購工作體系,發揮整體連動功能,共同為採購效益最大化努力工作。

3. 採購稽核主管應當學習和掌握相關的招標法規、合約法規、政府採購法規和各項業務知識。

第 3 章　採購價格審計要點

第 8 條　採購計劃的審查

採購稽核主管首先應對採購計劃進行審查,其審查內容如下。

1. 審查採購計劃在編制時是否根據市場預測資料、採購決策方案以及供需平衡原則,來確定購進物資的品種、規格、數量和品質。

2. 審查採購計劃是否根據規模採購的要求編制。

3. 是否對市場進行調查,透過比較推薦出合格的供應商並掌握其基本情況。

4. 是否對供應商及其數量和價格方案進行判斷分析，測算出最高價格。

5. 採購計劃、供應商名單是否經過負責價格工作的有關人員研究、審核通過。

第 9 條　審查採購方式

1. 採購稽核主管審計採購方式時要較多地運用經驗、知識，來具體分析、判斷所採用的採購方式的合理性。

2. 對於大宗物資採購，通常透過招標的方式購進物資，審計人員對招標採購進行審計時，應重點確定採用的招標方式是否合理，招標主管部門在確定招標方式時是否受到人情關係、個人私慾以及暗示等因素的影響。

第 10 條　供應商的審查

對供應商進行審查，可以確定採購價格的合理性。供應商審查主要包括以下內容。

1. 審查供應商的根據包含生產規模、產品結構、資產運營狀況、人員結構、設備配置狀況、主要業績、銷售網站情況、售後服務方式等。

2. 審查供應商的有關證明文件，包括企業營業執照、稅務登記證、計量等級證、銀行信用等級證、ISO9000 認證權書、技術指標證明、產品執行標準、產品品質證書、生產許可證、安全標誌證書以及企業相關獲獎證書等的原件或影本。

第 11 條　審查採購合約

1. 在對採購合約進行審計時，應重點檢查採購合約的效益性。

2. 審查採購合約標的物是否明確、內容是否合法、是否符合有

關政策法規。

3.審查採購合約的各種數量標準。

4.審查雙方權利、義務關係的對等性,如品質標準、技術要求、驗收方法、付款方式與期限、售後服務、質保期限、有關約定等都要明確具體。

5.審查雙方意見表達是否明確,有無意思理解上的偏差,合約中有無含糊不清、模棱兩可的措辭。

第 12 條　審查驗收和結算過程

1.對於重要的採購活動,採購稽核主管應親自參與;對於專業性很強的採購活動,應聘請參與採購工作的專家來驗收。

2.對於重要的採購活動,採購稽核主管應當會同驗收部門、使用部門,按照合約要求對採購物資的品種、規格、型號、數量、單價、交貨時間、交貨方式、結算方式進行驗收。

3.付款時,要檢查是否取得各部門審核確認的材料驗收單。

4.檢查驗收單的內容是否與發票一致。

附錄 5　有關價格分析的採購價格分析方案

一、目的

採購人員對供應商的報價進行分析比較,其目的如下:

為將來的議價提供參考價值,為將來獲得合理的價格提供一個參考。

本方案適用於對供應商報價中的物資採購價格成本的分析,以

便企業獲得一個合理的採購價格。

二、採購價格分析的作用

1. 提前發現報價內容的錯誤，避免造成將來交貨時的糾紛，確保供應商所附帶的任何條件均被接受。

2. 將不同的報價標準進行統一，以利於將來的議價、比價工作。

3. 培養採購人員的成本分析能力，避免按照總價來談判造成企業的損失。

三、瞭解採購價格的形成情況

採購部門要想分析某一物料的價格是否公平合理，必須瞭解價格的形成情況。

1. 若供應商報價是經過競爭形成的，則表示該物料已由市場確定了價值，則該價格為公平合理的價格。

2. 若該報價是在沒有競爭的情況下形成的，或是在競爭不充分、採購量相當龐大的情況下形成的，則採購部門應進行價格分析。

四、統一報價

在對物資價格進行分析之前，需對價格進行統一，以便有一個統一的報價標準。常見的物料價格如下表所示。

表 16-5-1 物料價格類型

價格類型	具體說明
到廠價	供應商報價是指將物資送達買方的工廠或指定地點，期間所發生的各項費用均由賣方承擔
差廠價	供應商的報價中不包括運送責任，即須由採購方僱用運輸工具前往供應商處提貨
期票價	採購方以延期付款的方式來採購物品，通常供應商會在報價中包含延遲付款期間的利息
淨價	供應商實際收到的貨款，不再支付任何交易過程中的費用
毛價	供應商的報價可以因為某些因素加以折讓
現貨價	每次交易時，供需雙方重新議定的價格；若有簽訂買賣合約，完成交易後該價格即行失效
合約價	供需雙方按照事先議定的價格進行交易，在合約價格涵蓋的期間以契約為準
實價	採購方實際支付的價格

五、採購價格的調整

採購部門對於採購報價標準不統一的報價，不能進行比較時，可以將價格做適當的數字調整，以使價格由不可比較變為可以比較。

六、採購價格分析的方法

採購部對報價標準統一的、可以比較的價格進行採購價格分

析，採購價格分析常用的方法包括最低報價法、固定成本法、可變成本法、產品成本法。下面我們對採購價格的方法進行說明。

（一）固定成本的分析

供應商不會因增加訂購量而購買新機器設備，或建立廠房，固定成本早已在這些採購交易之前發生。

（二）可變成本分析

1. 在固定成本不變的情況下，採購人員在採購時可以只考慮可變成本。

2. 可變成本隨著採購量的增減變化而成正比例增減變化。可變成本一般包括以下內容。

(1)供應產品成本中的直接材料成本和直接人工成本。

(2)製造費用中隨著採購量成正比例變動的物料用品費、燃料費、動力費。

(3)按銷售量支付的銷售佣金、包裝費、裝運費、營業稅等成本費用。

3. 根據可變成本確定單位變動成本。

（三）產品價格的計算

1. 根據確定的固定成本和單位變動成本，就可根據下面的公式計算產品的價格。產品價格的計算公式為：$P = F/Q + V$

其中，P——價格，F——固定成本，Q——數量，V——單位可變動成本。

2. 將獲得的採購數量代入計算公式中，固定成本、數量、單位可變動成本為確定數字，從而計算出產品的價格。

(四)採購價格的分析

1. 將產品價格與供應商報價進行比較,當產品價格大大低於供應商報價時,說明供應商報價不合理。

2. 將產品價格與供應商基本相差不遠時,供應商報價比較合理。

3. 將產品價格遠高於供應商報價時,則需分析其低報價的原因,以便進行後續的處理。

七、形成採購價格分析報告

對供應商的報價進行分析後,形成採購價格分析報告,為採購議價提供一個參考依據。

八、採購價格分析的注意事項

1. 如果兩家供應商的價格是以不同的技術條件或付款條件為基礎的,則他們的價格不能相互比較。

2. 採購物資的規格、數量、交貨時間、採購方提供原材料等因素,對價格產生的影響是重大的,也可能造成不能比較的情況。

附錄 6　有關監管的採購價格監管制度

第 1 章　總則

第 1 條　目的

為達到以下目的，特制定本制度。

1. 規範採購價格管理和審核流程，確保所購物資高品質、低價格。

2. 在保證採購物資品質的同時，降低採購成本。

本制度適用於本企業採購物資的價格分析、審核和確認工作。

第 2 條　管理職責

1. 採購部負責執行採購價格管理工作。

2. 採購經理負責審核與批准採購價格。

3. 其他相關部門負責提供相關資料，協助採購部實施採購價格管理工作。

第 2 章　採購價格調查與審核規定

第 3 條　採購價格調查

1. 採購部相關人員必須進行必要的採購價格調查，經常分析或收集市場價格信息，明確採購物資的實際成本，以確定採購價格。

2. 本企業各有關單位和部門均有義務協助提供採購價格信息，以便採購部進行比價參考。

3. 有關價格的相關資料可向物資供應商索取。

第 4 條　詢價、議價、比價

1. 採購人員應選擇三家以上符合採購條件的供應商作為詢價對象。

2. 供應商提供報價的物資規格與請購規格不同或屬代用品時，採購人員應送採購需求部門確認。

3. 專業材料、用品的採購，採購部應會同使用部門共同詢價、議價、比價。

4. 已核定的物資，採購部必須經常分析或收集價格資料，作為降低成本的依據。

5. 採購議價採用採購交互議價的方式。

6. 議價應兼顧品質、交期和服務。

第 5 條　採購成本分析

採購部根據調查得來的價格信息對採購物資成本進行分析，目的在於確定物資成本的合理性和適當性。採購部進行成本分析的項目包括以下五項。

1. 物資的製作方法和生產技術。

2. 物資生產所需的特殊設備和工具。

3. 物資生產所耗費的直接或間接人工成本及材料成本。

4. 物資生產製造所需費用或者外包費用。

5. 物資行銷費用、物資管理費用以及稅費。

第 6 條　採購價格制定

1. 物資價格分為到廠價、出廠價、現金價、淨價、毛價、現貨價及合約價等。

2. 科學計算物資價格可以預估供應商的價格底線，為採購談判提供依據。

3. 採購物資價格可採用成本加成法、市價法以及投資報酬率法等方法確定，具體物資價格可參考以下表公式計算。

表 16-6-1　物料價格計算說明表

計算公式	P＝X×a+Y×(b+c)×d+Z
說明	P──物資價格
	X──物資所需材料的數量
	a──物資所需材料的單價
	Y──物資生產製造所需要的標準時間（主要作業時間+作業準備時間）
	b──單位時間的薪資率
	c──單位時間的費用
	d──修正係數，主要指非正常狀態下的特殊情況，包括趕貨、試用樣品的生產等
	Z──物資供應商的預期利潤

註：物資價格的計算並不一定完全按照此計算公式進行，可根據所購物料的具體特性以及採購人員的經驗靈活判斷。

第 7 條　採購價格審核

1. 採購人員詢價、議價完成後，在比價、議價記錄單上填寫詢價或議價結果，必要時附書面說明。

2. 採購價格主管審核比價、議價記錄單後認為需要再進一步議價時，退回採購人員重新議價。

3. 採購主管、採購經理審核採購價格後，報採購總監、總經理

確認批准。

4. 採購總監、總經理均可視需要再行議價或要求採購部進一步議價。

5. 採購核准權限規定，不論採購金額多少均應先經採購經理審核，再呈採購總監與總經理核准。

第 8 條　採購價格調整

1. 已核定的採購單價如需上漲或降低，採購人員應填寫採購價格審議表重新報批，並以書面的形式說明原因，上報相關審批。

2. 單價漲跌的審核應參照新價格的審核流程執行。

3. 當物資採購數量或頻率有明顯增加時，採購人員應要求供應商適當降低單價。

第 3 章　採購價款支付規定

第 9 條　物資訂購

1. 採購人員以訂購單的形式向供應商訂購所需物資，並以電話或傳真形式確認交期。

2. 若屬一份訂購單多次分批交貨的情形，採購人員應在訂購單上明確註明。

3. 採購人員要控制物資訂購交期，及時向供應商跟催交貨進度。

第 10 條　採購價款支付審核

採購價款必須經過本企業倉儲部、品質管理部、採購部等相關部門的人員驗貨合格後方能支付，支付採購價款還應審核以下六項內容。

1. 確認訂購單及供應商信息。

2. 確認物資送達日期。

3. 確認物資的名稱、規格、型號。

4. 確認採購物資的數量。

5. 檢驗採購物資的品質。

6. 處理短損並退還不合格品。

第 11 條　驗收與付款

1. 採購人員根據本企業財務管理規定，在物資品質檢驗合格的情況下，會同財務部履行付款義務。

2. 付款方式可採用信用證付款、直接付款、托收付款、貨幣和匯票支付等形式。

附錄 7　有關稽核的採購稽核管理辦法

第 1 條　目的為規範採購人員行為，提高採購活動的規範性、公平性，特制定本制度，對公司整個資產的採購、驗收、管理等程序進行稽核。

第 2 條　稽核小組人員構成

稽核小組成員由公司企業管理部、財務部、人力資源部的相關人員組成。

第 3 條　稽核內容

採購稽核主要從採購預算稽核、請購作業稽核、比價作業稽核、訂購作業稽核、驗收作業稽核五方面進行。各方面的稽核重點與稽核依據如表所示。

表 16-7-1　採購稽核重點與依據

稽核內容	稽核重點	依據
採購預算管理	1. 採購預算的編制是否考慮存貨定量及定價管制，以及是否制定了 ABC 分類標準 2. 採購預算是否與銷售計劃、生產計劃、庫存狀況等相配合 3. 採購預算是否得到全面執行，若與實際採購費用存在差異，是否對採購預算進行修正	請購單、銷售計劃、生產計劃
請購作業	1. 請購是否與預算相符，並按照核准權限核准 2. 請購單(數量、規格等)變更是否按照相關程序進行 3. 緊急採購原因分析	請購單、安全存量控制表
比價作業	1. 詢價管理 2. 招標管理 3. 採購合約管理	詢價單、採購合約
訂購作業	1. 合約的規範性、合法性 2. 採購合約的執行情況 3. 訂單發出後有無跟蹤控制 4. 因某種原因當供應商沒有按約定的日期將採購物資送達時，採購部是否採取了相應的措施以保證企業正常生產	請購單、採購合約
驗收作業	1. 採購物資到達時，採購部是否會同(採購物資)使用部門、品質管理部及其他相關部門共同對採購物資進行驗收 2. 相關技術部門是否派專業技術人員對採購物資進行驗收 3. 採購物資不符合標準時，是否採取了相關的有效措施 4. 檢驗人員是否依據相關單據，對採購物資的品名、數量、單價等逐一點檢，並做好相應記錄	入庫驗收單送貨發票

第 4 條　稽核方式

稽核採取定期與不定期兩種方式，定期稽核為每季一次，具體稽核工作由稽核小組組長負責。

第 5 條　本制度由人力資源部擬定，經總經理審批後執行。

附錄 8　採購員採購談判備忘錄

1. 永遠不要試圖喜歡一個銷售人員，但需要說他是你的合作者。

2. 要把銷售人員作為我們的頭號敵人。

3. 永遠不要接受對方第一次報價，讓銷售人員乞求，這將為我們提供一個更好的機會。

4. 隨時使用口號：你能做得更好！

5. 時時保持最低價的記錄，並不斷要求更多，直到銷售人員停止提供折扣。

6. 永遠把自己作為某人的下級，而認為銷售人員始終有一個上級，這個上級總是有可能提供額外的折扣。

7. 當一個銷售人員輕易接受條件，或到休息室去打電話並獲得批准，可以認為他所作的讓步是輕易得到的，進一步提要求。

8. 聰明點，要裝得大智若愚。

9. 在對方沒有提出異議前不要讓步。

10. 記住：當一個銷售人員來要求某事時，他肯定會準備一些條件給予的。

11.記住銷售人員不會要求，他已經在等待採購提要求，通常他從不要求任何東西作為回報。

12.注意要求建議的銷售人員通常更有計劃性，更瞭解情況，花時間同無條理的銷售人員打交道，他們想介入，或者說他們擔心脫離圈子。

13.不要為和銷售人員玩壞孩子的遊戲而感到抱歉。

14.毫不猶豫地使用結論，即使它們是假的，如競爭對手總是給我們提供最好的報價，最好的流轉和付款條件。

15.不斷地重覆反對意見，即使它們是荒謬的，你越多重覆，銷售人員就會更相信。

16.別忘記你在最後一輪談判中會獲得 80%的條件。

17.別忘記每日拜訪我們的銷售人員，我們應盡可能瞭解其性格和需求。

18.隨時要求銷售人員參加促銷。盡可能得到更多的折扣，進行快速促銷活動，用數額銷售來賺取利潤。

19.在談判中要求不可能的事來煩擾銷售人員；透過延後協議來威脅他，讓他等；確定一個會議時間，但不到場；讓另一個銷售人員代替他的位置；威脅他說你會撤掉他的產品；你將減少他產品陳列位置；你將把促銷人員清場等，不要給他時間作決定。

20.注意折扣有其他名稱，如獎金、禮物、禮品紀念品、贊助、資助、小報插入廣告、補償物、促銷、上市、上架費、希望資金、再上市、週年慶等，所有這些都是受歡迎的。

21.不要讓談判進入死角，這是最糟糕的。

22.避開「賺頭」這個題目，因為「魔鬼避開十字架」。

23.假如銷售人員說他需要花很長時間才能給你答案，就是說你已經和其競爭對手快談妥交易了。

24.永遠不要讓任何競爭對手對任何促銷討價還價。

25.你的口號必須是「你賣我買的一切東西，但我不總是買我賣的一切東西」。也就是說，對我們來說最重要的是要採購將會給我們帶來利潤的產品。能有很好流轉的產品是一個不可缺的魔鬼。

26.不要許可銷售人員讀到螢幕上的數據，他越不瞭解情況，越相信我們。

27.不要被銷售人員的新設備嚇倒，那並不意味著他們已經準備好談判了。

28.不論銷售人員年老或年輕都不用擔心，他們都很容易讓步，年長者認為他知道一切，而年輕者沒有經驗。

29.假如銷售人員同其上司一起來，應要求更多折扣，更多參與促銷，威脅說你將撤掉其產品，因為上司不想在銷售員前失掉客戶就會讓步。

30.每當一個促銷正在別的超市進行時，問銷售人員：你在那裏做了什麼，並要求同樣的條件。

31.永遠記住這個口號：你賣我買，但我不總買你賣的。

32.在一個偉大的商標背後，你可以發現很多沒有任何經驗的僅僅靠商標的銷售人員。

企業的核心競爭力，就在這里！

圖 書 出 版 目 錄

　　憲業企管顧問（集團）公司為企業界提供診斷、輔導、培訓等專項工作。下列圖書是由臺灣的憲業企管顧問（集團）公司所出版，自 1993 年秉持專業立場，特別注重實務應用，50 餘位顧問師為企業界提供最專業的經營管理類圖書。

　　選購企管書，敬請認明品牌：憲 業 企 管 公 司 。

1. 傳播書香社會，直接向本出版社購買，一律 9 折優惠，郵遞費用由本公司負擔。服務電話(02)27622241 (03)9310960　　傳真(03)9310961

2. 付款方式：請將書款轉帳到我公司下列的銀行帳戶。
   - 銀行名稱：合作金庫銀行（敦南分行）　帳號：**5034-717-347447**
     公司名稱：憲業企管顧問有限公司
   - 郵局劃撥號碼：**18410591**　　郵局劃撥戶名：憲業企管顧問公司

3. 圖書出版資料每週隨時更新，請見網站 **www.bookstore99.com**

━━━━━ 經營顧問叢書 ━━━━━

25	王永慶的經營管理	360 元
52	堅持一定成功	360 元
56	對準目標	360 元
60	寶潔品牌操作手冊	360 元
78	財務經理手冊	360 元
79	財務診斷技巧	360 元
91	汽車販賣技巧大公開	360 元
97	企業收款管理	360 元
100	幹部決定執行力	360 元
122	熱愛工作	360 元
129	邁克爾·波特的戰略智慧	360 元
130	如何制定企業經營戰略	360 元

135	成敗關鍵的談判技巧	360 元
137	生產部門、行銷部門績效考核手冊	360 元
139	行銷機能診斷	360 元
140	企業如何節流	360 元
141	責任	360 元
142	企業接棒人	360 元
144	企業的外包操作管理	360 元
146	主管階層績效考核手冊	360 元
147	六步打造績效考核體系	360 元
148	六步打造培訓體系	360 元
149	展覽會行銷技巧	360 元
150	企業流程管理技巧	360 元

152	向西點軍校學管理	360 元		235	求職面試一定成功	360 元
154	領導你的成功團隊	360 元		236	客戶管理操作實務〈增訂二版〉	360 元
163	只為成功找方法，不為失敗找藉口	360 元		237	總經理如何領導成功團隊	360 元
				238	總經理如何熟悉財務控制	360 元
167	網路商店管理手冊	360 元		239	總經理如何靈活調動資金	360 元
168	生氣不如爭氣	360 元		240	有趣的生活經濟學	360 元
170	模仿就能成功	350 元		241	業務員經營轄區市場（增訂二版）	360 元
176	每天進步一點點	350 元				
181	速度是贏利關鍵	360 元		242	搜索引擎行銷	360 元
183	如何識別人才	360 元		243	如何推動利潤中心制度（增訂二版）	360 元
184	找方法解決問題	360 元				
185	不景氣時期，如何降低成本	360 元		244	經營智慧	360 元
186	營業管理疑難雜症與對策	360 元		245	企業危機應對實戰技巧	360 元
187	廠商掌握零售賣場的竅門	360 元		246	行銷總監工作指引	360 元
188	推銷之神傳世技巧	360 元		247	行銷總監實戰案例	360 元
189	企業經營案例解析	360 元		248	企業戰略執行手冊	360 元
191	豐田汽車管理模式	360 元		249	大客戶搖錢樹	360 元
192	企業執行力（技巧篇）	360 元		252	營業管理實務（增訂二版）	360 元
193	領導魅力	360 元		253	銷售部門績效考核量化指標	360 元
198	銷售說服技巧	360 元		254	員工招聘操作手冊	360 元
199	促銷工具疑難雜症與對策	360 元		256	有效溝通技巧	360 元
200	如何推動目標管理（第三版）	390 元		258	如何處理員工離職問題	360 元
201	網路行銷技巧	360 元		259	提高工作效率	360 元
204	客戶服務部工作流程	360 元		261	員工招聘性向測試方法	360 元
206	如何鞏固客戶（增訂二版）	360 元		262	解決問題	360 元
208	經濟大崩潰	360 元		263	微利時代制勝法寶	360 元
215	行銷計劃書的撰寫與執行	360 元		264	如何拿到 VC（風險投資）的錢	360 元
216	內部控制實務與案例	360 元				
217	透視財務分析內幕	360 元		267	促銷管理實務〈增訂五版〉	360 元
219	總經理如何管理公司	360 元		268	顧客情報管理技巧	360 元
222	確保新產品銷售成功	360 元		269	如何改善企業組織績效〈增訂二版〉	360 元
223	品牌成功關鍵步驟	360 元				
224	客戶服務部門績效量化指標	360 元		270	低調才是大智慧	360 元
226	商業網站成功密碼	360 元		272	主管必備的授權技巧	360 元
228	經營分析	360 元		275	主管如何激勵部屬	360 元
229	產品經理手冊	360 元		276	輕鬆擁有幽默口才	360 元
230	診斷改善你的企業	360 元		278	面試主考官工作實務	360 元
232	電子郵件成功技巧	360 元		279	總經理重點工作(增訂二版)	360 元
234	銷售通路管理實務〈增訂二版〉	360 元		282	如何提高市場佔有率（增訂二版）	360 元

284	時間管理手冊	360 元
285	人事經理操作手冊（增訂二版）	360 元
286	贏得競爭優勢的模仿戰略	360 元
287	電話推銷培訓教材（增訂三版）	360 元
288	贏在細節管理（增訂二版）	360 元
289	企業識別系統 CIS（增訂二版）	360 元
290	部門主管手冊（增訂五版）	360 元
291	財務查帳技巧（增訂二版）	360 元
293	業務員疑難雜症與對策（增訂二版）	360 元
295	哈佛領導力課程	360 元
296	如何診斷企業財務狀況	360 元
297	營業部轄區管理規範工具書	360 元
298	售後服務手冊	360 元
299	業績倍增的銷售技巧	400 元
300	行政部流程規範化管理（增訂二版）	400 元
302	行銷部流程規範化管理（增訂二版）	400 元
304	生產部流程規範化管理（增訂二版）	400 元
305	績效考核手冊（增訂二版）	400 元
307	招聘作業規範手冊	420 元
308	喬・吉拉德銷售智慧	400 元
309	商品鋪貨規範工具書	400 元
310	企業併購案例精華（增訂二版）	420 元
311	客戶抱怨手冊	400 元
314	客戶拒絕就是銷售成功的開始	400 元
315	如何選人、育人、用人、留人、辭人	400 元
316	危機管理案例精華	400 元
317	節約的都是利潤	400 元
318	企業盈利模式	400 元
319	應收帳款的管理與催收	420 元
320	總經理手冊	420 元
321	新產品銷售一定成功	420 元

322	銷售獎勵辦法	420 元
323	財務主管工作手冊	420 元
324	降低人力成本	420 元
325	企業如何制度化	420 元
326	終端零售店管理手冊	420 元
327	客戶管理應用技巧	420 元
328	如何撰寫商業計畫書（增訂二版）	420 元
329	利潤中心制度運作技巧	420 元
330	企業要注重現金流	420 元
331	經銷商管理實務	450 元
332	內部控制規範手冊（增訂二版）	420 元
333	人力資源部流程規範化管理（增訂五版）	420 元
334	各部門年度計劃工作（增訂三版）	420 元
335	人力資源部官司案件大公開	420 元
336	高效率的會議技巧	420 元
337	企業經營計劃〈增訂三版〉	420 元
338	商業簡報技巧（增訂二版）	420 元
339	企業診斷實務	450 元
340	總務部門重點工作（增訂四版）	450 元
341	從招聘到離職	450 元
342	職位說明書撰寫實務	450 元
343	財務部流程規範化管理（增訂三版）	450 元
344	營業管理手冊	450 元
345	推銷技巧實務	450 元

《商店叢書》

18	店員推銷技巧	360 元
30	特許連鎖業經營技巧	360 元
35	商店標準操作流程	360 元
36	商店導購口才專業培訓	360 元
37	速食店操作手冊〈增訂二版〉	360 元
38	網路商店創業手冊〈增訂二版〉	360 元
40	商店診斷實務	360 元
41	店鋪商品管理手冊	360 元
42	店員操作手冊（增訂三版）	360 元

44	店長如何提升業績〈增訂二版〉	360 元
45	向肯德基學習連鎖經營〈增訂二版〉	360 元
47	賣場如何經營會員制俱樂部	360 元
48	賣場銷量神奇交叉分析	360 元
49	商場促銷法寶	360 元
53	餐飲業工作規範	360 元
54	有效的店員銷售技巧	360 元
56	開一家穩賺不賠的網路商店	360 元
58	商鋪業績提升技巧	360 元
59	店員工作規範（增訂二版）	400 元
61	架設強大的連鎖總部	400 元
62	餐飲業經營技巧	400 元
64	賣場管理督導手冊	420 元
65	連鎖店督導師手冊（增訂二版）	420 元
67	店長數據化管理技巧	420 元
69	連鎖業商品開發與物流配送	420 元
70	連鎖業加盟招商與培訓作法	420 元
71	金牌店員內部培訓手冊	420 元
72	如何撰寫連鎖業營運手冊〈增訂三版〉	420 元
73	店長操作手冊（增訂七版）	420 元
74	連鎖企業如何取得投資公司注入資金	420 元
75	特許連鎖業加盟合約（增訂二版）	420 元
76	實體商店如何提昇業績	420 元
77	連鎖店操作手冊（增訂六版）	420 元
78	快速架設連鎖加盟帝國	450 元
79	連鎖業開店複製流程（增訂二版）	450 元
80	開店創業手冊〈增訂五版〉	450 元
81	餐飲業如何提昇業績	450 元

《工廠叢書》

15	工廠設備維護手冊	380 元
16	品管圈活動指南	380 元
17	品管圈推動實務	380 元
20	如何推動提案制度	380 元
24	六西格瑪管理手冊	380 元

30	生產績效診斷與評估	380 元
32	如何藉助 IE 提升業績	380 元
46	降低生產成本	380 元
47	物流配送績效管理	380 元
51	透視流程改善技巧	380 元
55	企業標準化的創建與推動	380 元
56	精細化生產管理	380 元
57	品質管制手法〈增訂二版〉	380 元
58	如何改善生產績效〈增訂二版〉	380 元
68	打造一流的生產作業廠區	380 元
70	如何控制不良品〈增訂二版〉	380 元
71	全面消除生產浪費	380 元
72	現場工程改善應用手冊	380 元
77	確保新產品開發成功（增訂四版）	380 元
79	6S 管理運作技巧	380 元
84	供應商管理手冊	380 元
85	採購管理工作細則〈增訂二版〉	380 元
88	豐田現場管理技巧	380 元
89	生產現場管理實戰案例〈增訂三版〉	380 元
92	生產主管操作手冊(增訂五版)	420 元
93	機器設備維護管理工具書	420 元
94	如何解決工廠問題	420 元
96	生產訂單運作方式與變更管理	420 元
97	商品管理流程控制（增訂四版）	420 元
102	生產主管工作技巧	420 元
103	工廠管理標準作業流程〈增訂三版〉	420 元
105	生產計劃的規劃與執行(增訂二版)	420 元
107	如何推動 5S 管理（增訂六版）	420 元
108	物料管理控制實務〈增訂三版〉	420 元
111	品管部操作規範	420 元
113	企業如何實施目視管理	420 元
114	如何診斷企業生產狀況	420 元
116	如何管理倉庫〈增訂十版〉	450 元

117	部門績效考核的量化管理（增訂八版）	450 元
118	採購管理實務〈增訂九版〉	450 元
119	售後服務規範工具書	450 元
120	生產管理改善案例	450 元
121	採購談判與議價技巧〈增訂五版〉	450 元

《培訓叢書》

12	培訓師的演講技巧	360 元
15	戶外培訓活動實施技巧	360 元
21	培訓部門經理操作手冊（增訂三版）	360 元
23	培訓部門流程規範化管理	360 元
24	領導技巧培訓遊戲	360 元
26	提升服務品質培訓遊戲	360 元
27	執行能力培訓遊戲	360 元
28	企業如何培訓內部講師	360 元
31	激勵員工培訓遊戲	420 元
32	企業培訓活動的破冰遊戲（增訂二版）	420 元
33	解決問題能力培訓遊戲	420 元
34	情商管理培訓遊戲	420 元
36	銷售部門培訓遊戲綜合本	420 元
37	溝通能力培訓遊戲	420 元
38	如何建立內部培訓體系	420 元
39	團隊合作培訓遊戲(增訂四版)	420 元
40	培訓師手冊（增訂六版）	420 元
41	企業培訓遊戲大全(增訂五版)	450 元

《傳銷叢書》

4	傳銷致富	360 元
5	傳銷培訓課程	360 元
10	頂尖傳銷術	360 元
12	現在輪到你成功	350 元
13	鑽石傳銷商培訓手冊	350 元
14	傳銷皇帝的激勵技巧	360 元
15	傳銷皇帝的溝通技巧	360 元
19	傳銷分享會運作範例	360 元
20	傳銷成功技巧（增訂五版）	400 元

21	傳銷領袖（增訂二版）	400 元
22	傳銷話術	400 元
24	如何傳銷邀約（增訂二版）	450 元
25	傳銷精英	450 元

為方便讀者選購，本公司將一部分上述圖書又加以專門分類如下：

《主管叢書》

1	部門主管手冊（增訂五版）	360 元
2	總經理手冊	420 元
4	生產主管操作手冊（增訂五版）	420 元
5	店長操作手冊（增訂七版）	420 元
6	財務經理手冊	360 元
7	人事經理操作手冊	360 元
8	行銷總監工作指引	360 元
9	行銷總監實戰案例	360 元

《總經理叢書》

1	總經理如何管理公司	360 元
2	總經理如何領導成功團隊	360 元
3	總經理如何熟悉財務控制	360 元
4	總經理如何靈活調動資金	360 元
5	總經理手冊	420 元

《人事管理叢書》

1	人事經理操作手冊	360 元
2	從招聘到離職	450 元
3	員工招聘性向測試方法	360 元
5	總務部門重點工作（增訂四版）	450 元
6	如何識別人才	360 元
7	如何處理員工離職問題	360 元
8	人力資源部流程規範化管理（增訂五版）	420 元
9	面試主考官工作實務	360 元
10	主管如何激勵部屬	360 元
11	主管必備的授權技巧	360 元
12	部門主管手冊（增訂五版）	360 元

在海外出差的………
台灣上班族

　　愈來愈多的台灣上班族，到大陸工作(或出差)，對工作的努力與敬業，是台灣上班族的核心競爭力；一個明顯的例子，返台休假期間，台灣上班族都會抽空再買書，設法充實自身專業能力。

　　[憲業企管顧問公司]以專業立場，為企業界提供最專業的各種經營管理類圖書。

　　85%的台灣上班族都曾經有過購買(或閱讀)[憲業企管顧問公司]所出版的各種企管圖書。

　　尤其是在競爭激烈或經濟不景氣時，更要加強投資在自己的專業能力，建議你：

　　工作之餘要多看書，加強競爭力。

建立企業圖書館

當市場競爭激烈時：

培訓員工，強化員工競爭力
是企業最佳對策

　　「人才」是企業最大的財富。如何提升人才，是企業永續經營、戰勝對手的核心競爭力。積極培訓公司內部員工，是經濟不景氣時期的最佳戰略，而最快速的具體作法，就是「建立企業內部圖書館，鼓勵員工多閱讀、多進修專業書籍」

　　建議您：請一次購足本公司所出版各種經營管理類圖書，作為貴公司內部員工培訓圖書。 使用率高的（例如「贏在細節管理」），準備 3 本；使用率低的（例如「工廠設備維護手冊」），只買 1 本。

工廠叢書 ⑫ 售價：450 元

採購談判與議價技巧〈增訂五版〉

西元二〇二三年二月	增訂五版一刷
西元二〇二一年一月	增訂四版一刷
西元二〇一九年三月	增訂三版二刷
西元二〇一七年九月	增訂三版一刷
西元二〇一五年十月	增訂二版一刷
西元二〇一二年十二月	初版二刷
西元二〇一一年三月	初版一刷
西元二〇一〇年一月	培訓班授課教材

編著：丁振國　黃憲仁

策劃：麥可國際出版有限公司（新加坡）

編輯：蕭玲

校對：劉飛娟

發行所：憲業企管顧問有限公司

電話：(02) 2762-2241　(03) 9310960　0930872873

電子郵件聯絡信箱：huang2838@yahoo.com.tw

銀行 ATM 轉帳：合作金庫銀行　帳號：5034-717-347447

郵政劃撥：18410591　憲業企管顧問有限公司

江祖平律師顧問：紙品書、數位書著作權與版權均歸本公司所有

登記證：行政業新聞局版台業字第 6380 號

本公司徵求海外版權出版代理商（0930872873）

本圖書是由憲業企管顧問（集團）公司所出版，以專業立場，為企業界提供最專業的各種經營管理類圖書。

圖書編號 ISBN：978-986-369-113-6